好食汕头 粤菜师傅的粤菜地图

林贞标 —— 著

广东旅游出版社
GUANGDONG TRAVEL & TOURISM PRESS
悦读书·悦旅行·悦享人生

中国·广州

图书在版编目（CIP）数据

粤菜师傅的粤菜地图. 好食汕头 / 林贞标著. —广州 : 广东旅游出版社, 2022.6
ISBN 978-7-5570-2733-9

Ⅰ. ①粤… Ⅱ. ①林… Ⅲ. ①粤菜—饮食—文化 Ⅳ. ①TS971.202.65

中国版本图书馆CIP数据核字(2022)第067102号

出 版 人：刘志松
策划编辑：陈晓芬
责任编辑：陈晓芬　陈　吉
封面设计：艾颖琛
内文设计：谭敏仪
责任校对：李瑞苑
责任技编：冼志良

粤菜师傅的粤菜地图：好食汕头
YUECAI SHIFU DE YUECAI DITU: HAOSHI SHANTOU

广东旅游出版社出版发行
（广州市荔湾区沙面北街71号首、二层）邮编：510130
邮购电话：020-87348243
佛山家联印刷有限公司印刷
（佛山市南海区桂城街道三山新城科能路10号自编4号楼三层之一）
开本：889毫米×1260毫米　32开
字数：118千字
印张：6.125
版次：2022年6月第1版第1次印刷
定价：68.00元

目录
Contents

Part 1

食在汕头的N个理由

如果你没有吃过汕头的美食，你都不好意思说自己是吃货。你说你去过汕头，但说不出以下吃在汕头的n个理由，你可能就是个假的吃货。

理由

吃气候，汕头是真正四季如春的城市，年平均气温在22摄氏度左右，最低气温很少低于15摄氏度，最高气温极少超过35摄氏度。17摄氏度到24摄氏度的天数占了大半年的时间。

理由 2

人情味，汕头人热情好客，生活气息浓郁，大街小巷各种美食琳琅满目。特别是那一句"来食茶"，不管东西南北人都能感受到满满的人情之味。

理由 3

物产多样化，汕头四季如春，所以蔬菜、水果、鱼虾和肉类全年都有。

理由 4

味道的丰富性，从甜、咸、酸、辣到

咸甜结合，应有尽有。

理由 5

鲜，一切皆讲究生猛、鲜活。

理由 6

吃的时间跨度长，从早上六点开始到翌日凌晨四点，几乎全天候，随便你往哪个巷子拐进去，都有得吃。

理由 7

奇，汕头人吃东西物尽其用，从不浪费，对每种食物的细分食用几乎到了令人叹为观止的地步。

理由 8

在汕头不怕吃太饱，几杯工夫茶"下肚"又想吃了。

……

香蕉龙珠球

八宝素菜

红焗猪手

朴子粿

鱼露焗大虾

原只焗大网鲍

香柠黄花胶

花开富贵

海胆紫菜炒饭

秘制沙茶酱

香蕉龙珠球

八宝素菜

红焗猪手

朴子粿

鱼露焗大虾

花开富贵

海胆紫菜炒饭

秘制沙茶酱

原只焗大网鲍

香柠黄花胶

橄榄菜炒虾

豆酱焗鸡

潮汕鱼饭

炊莲花豆腐

果香虾筒

韭菜粿

龙穿虎肚

日日香鹅肉

橄榄糁鱼头汤

田记猪血汤

Part 2

地道汕头，地道风味

橄榄菜炒虾

豆酱焗鸡

潮汕鱼饭

炊莲花豆腐

果香虾筒

韭菜粿

龙穿虎肚

日日香鹅肉

橄榄糁鱼头汤

田记猪血汤

如果非要说一说地道的汕头风味是什么，我只能从地道潮菜说起。汕头作为潮菜的故乡，它的美食史就是一部潮菜史。因此，且听我"胡说"潮菜史。

　　潮菜之"清淡"，非古往今来

　　说起潮菜，许多人的印象是"清淡"，似乎自古以来潮汕人便是天生的养生学家，深谙"平平淡淡才是真"的道理。然而真相是：潮菜并非古今一色，旧时的潮菜，其实是不折不扣的"重油重糖重口味"！

　　潮菜的做法，追溯到20世纪80年代，在那之前的应该归为老式潮菜，其风格和现在所流行的"清淡"口味大相径庭。比如20世纪八九十年代，潮汕地区的燕翅鲍料理声名鹊起，那时候的潮州鱼翅口味浓腻突出。但往前追溯，鱼翅的做法最早是从广州传入。陈梦因在《粤菜溯源录》中提到，据说潮州食肆，有鱼翅供应，始自清同治末年（1870年前后）汕头镇邦街一家菜馆。菜馆主人曾居广州，做过两广总督瑞麟官邸帮厨多年。瑞麟讲究饮食，尤以精奢闻名宦海。及其殁后，帮厨返原籍，在汕头开菜馆，以鱼翅烹制浓腻的风味饮誉食坛。故潮州翅的烹制方法，可说源出广州。

如此，潮州菜早期的香浓厚腻也就不足为奇了。又比如潮汕卤鹅，配料用的是老抽、生抽、八角、桂皮、蒜头、糖等，皆为重味之物。又如粿汁、粿条、面等，都不可或缺地要加一勺葱蒜油，味道浓重，满口葱蒜味。还有反沙芋、糯米饭、炒糕粿等小吃，也都是重油重糖，味道香甜、浓郁，色泽明亮——原因是，古时候，潮汕一带被称为"南蛮之地"，属于贫瘠、落后的地区，历史上有不少获罪的士大夫被流放至此，例如唐宋八大家之一的韩愈；而那时候的潮汕人民，对饮食的研究少之又少，能够解决温饱问题便已不错，所以老式潮菜的浓重味道，便满足了那个时候人们对食物的期待。因此，在那个物资比较匮乏的年代，这样的美食更能吸引潮汕人民，也更能果腹，以维持一日的劳动生计。

然而，随着潮汕地区经济的发展，食客们发现老式潮菜的浓重口味并不利于身体健康，于是倒逼着厨师们开始寻求烹饪技巧和菜式口味的革新。比如蒸鱼，老式潮菜会放白肉、香菇、葱头、蒜片、姜丝，甚至虾米、酱油等，而新式潮菜则将其简化为清蒸，铺上葱丝、姜丝、辣椒丝，再淋上酱油和热油，手法简单许多，口味也清淡。

所以，潮汕饮食并无所谓的传统，而是顺应时代的变更在不断地发展着，从"重口味"到"清淡养生"，潮菜见证了舌尖上的经济发展，也代表了不同时代饮食文化的潮流。

潮菜之"鲜美"，是得天独厚

要说"清淡"为潮菜的特色，那么"鲜美"该为潮菜的"特长"了！

依山傍海，潮汕平原的物产丰饶，是天赐的优势，加之气候宜人，为蔬菜生长、海鲜捕捞提供了绝佳的环境。扬帆的渔船乘着晨风，在朝阳下归来了，港口的热闹响动，闹市的人声吆喝，如同一幕幕每日必演的本土电影，美妙而亲切。新鲜捕捞来的海鲜还在那渔船上飞跃着，这边已经达成买卖，主妇们、厨师们各自欢喜地带着新鲜食材回家。一天的美好饮食才拉开序幕！

潮汕人懂得，只有拥有了新鲜的食材，才能包容清淡的烹饪手法，不必靠浓重的调味遮盖食材的缺陷。以"鲜"著称于天下，这不可复制的天时地利人和，才是潮菜得天独厚的优势！依傍着这样的优势，在潮汕人家的炊烟下，人人都是"潮菜大师"！

潮菜之"奇"，是物尽其用

中华民族，在世界范围来说，是一个很"能吃"

的民族，上至飞禽，下至走兽，都能成为盘中食物，而广东人又为"敢吃"的代表，所谓"天上飞的，地上跑的，海里游的"，广东人都吃！那么潮汕人，要属广东人的"吃货"先锋了！譬如吃鱼，潮汕人除了鱼鳞和鱼粪，其他皆可入菜！确实使许多人大开眼界——鱼肚鱼肠，鱼肝鱼皮，道道新鲜，处处为宝。历史告诉我们，古时候贫穷的潮汕人民不过是因为人多地少、资源匮乏而想尽办法不浪费任何一点食材——可谓"穷则思变"，创新的烹饪和独特的选材，不过是困境下被"逼"出来的。

从历史的角度来看，那段艰辛创新的岁月，未尝不是潮菜发展的一段珍贵历程。时势造英雄，政治上是，美食上也是！

历史带给潮汕文明，带给潮汕发展，更带给潮汕美食之路的曲折蜿蜒。潮水依旧，春风依然，潮汕人民世世代代繁衍于此，也远行，驻扎各地，然而不变的是潮汕人民无一不思恋着家乡的美食，思恋着这土地独有的鲜味。这蕴藏在饮食文化中的乡情，才是潮汕美食的精髓！

展望未来，潮汕人民走出潮汕，潮菜也应该走向世界。若潮菜的厨师们能以更广阔的胸怀去吸收各地的烹饪技术，从科学的角度去了解、搭配食材，潮菜就能更好地适应时代的发展与变化。

唤醒一座城的早餐

汕头这座海滨城市，这些年被国内的吃货们尊称为"美食的朝圣地"，自有其道理。

在中国，我走过很多城市，还没见过吃的时间跨度和品类的多样化能有汕头这么长久和丰富的。单是一个早餐就在全国绝无仅有。一座城最宁静的时分总是在凌晨的四五点，但是在汕头，只要你起得早，不经意地转过哪个街口时，你就会发现，某个角落人头攒动，热气腾腾。这时外地来的朋友可能会误以为这是夜幕还没降临的傍晚时分。但这就是汕头的早晨，天还没亮，寂静中便已有暗流涌动。等到六点，大街小巷、马路边、居民楼下、菜市场边上渐渐人来人往，尽显真正的人间烟火。

所以很多真正懂生活的人来到汕头就不想走，并不是因为汕头有多么"高大上"的去处，更不是什么淘金者的乐土，而是因为这里满足了人们内心真正的需要，即接地气的生活。

人间烟火处，才是心灵的乐土。所以有许多外地来的朋友，他们一来就问我："标哥，推荐几个餐厅或私房菜，要高大上的，我们不差钱。"我跟他们说："那你们来错地方了，你们应该去上海，那里才是高贵雅致的代表。来汕头我只能帮您推荐两餐饭，一个是早餐，一个是夜宵；我只能帮您推荐两个地方，一个是菜市场，一个是吃夜宵的马路。这才是您来汕头的目的。"

我们言归正传，汕头的早餐其实是从凌晨三点就开始了，这时候的早餐大多数是在菜市场旁边，主要的客户群体是菜市场里的从业人员，有卖猪肉的、卖鱼的、卖菜的，各种类型的都有。真正懂吃的人，才知道此时此地的早餐是人间美味。因为这些在菜市场里工作的人，最清楚哪块肉好吃、哪条鱼鲜美、哪种菜当季，他们对食物的认知深入骨髓，一点也不用装。自然而然地，这一切便造就了菜市场边上的美味。

还有一个重要问题，就是一个"鲜"字，菜市场边上的早餐店你不用担心材料的问题，跟着剁猪肉的大哥吃猪肉，不鲜才怪。早餐时分，整座城就在各种卖早餐和吃早餐的喧哗声中沸腾了。豆浆、鲜奶、鲜牛肉、油条、油饼、粿汁、粿条面汤、肠粉、猪血汤、薏米汤、粥、广式点心等琳琅满目，应有尽有。

我年轻放纵时经常一个早上扫了几个菜市场吃五六摊，才扶墙而归。汕头的早餐，说起来话长，后面的章节且听我慢慢道来。

田海鹰

  人称"田老师"，在汕头经营着一家老字号小食店，十多年如一日只做猪血汤，因此亦有"猪血兄"之称。田海鹰曾在当地美食栏目大谈"猪血经"，之后一发不可收，引得多家媒体争相报道，同时各大美食圈大咖也蜂拥而至取"猪血经"。

田记猪血汤

该店的猪血汤制作过程透明公开，用新鲜猪血、猪肠、猪脾以及西洋菜等配菜制作，在店内可以看到制作过程。田记出品的猪血汤，猪血很嫩很滑，入口有淡淡的血香味，不会松散软绵绵，口感极佳。配上西洋菜就更新鲜了，嚼起来很有韧性。汤是精华所在，很正点，清甜可口，喝上暖暖的一碗，养生养胃。

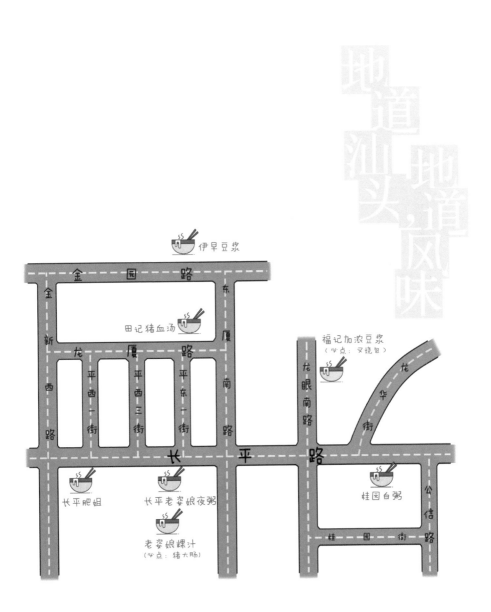

地道汕头，地道风味

伊早豆浆

金园路

田记猪血汤

福记加浓豆浆
（必点：叉烧包）

长平肥姐

长平老姿娘夜粥

老姿娘粿汁
（必点：猪大肠）

桂园白粥

谈糜说粥论潮粥

糜也称"稀饭",对于少小家寒的我来说是与生相伴的食物,长大外出至省城始知有"粥"。一直以为粥的口感比糜更软烂,但近日查经找典,或以字义论之,实为二者颠倒了,潮汕的糜或应称为"粥",省城的粥才应称为"糜"。

据孔颖达疏:"糜厚而粥薄。"以及《后汉书·礼仪志中》曰:"年始七十者,授之以玉杖,哺之糜粥。"

其实此据此论已不重要,重要的是你若到潮汕一行,不喝几顿粥,你便不算来过潮汕了。论潮汕饮食文化不得不谈粥。潮粥分为两大流派——汕头的白粥和潮州、揭阳的香粥。汕头的白粥多以夜宵为主,过惯夜生活的人,歌舞升平酒醉归家前喝一碗路边店的白粥(潮汕话俗称"食夜糜")可解酒亦可养胃,再加上潮汕物产丰富,夜糜的配菜也应有尽有,所以形成了独特的"夜糜文化"。另一流派为香粥,以揭阳地域为首,变化多端,有鳝鱼粥、生鱼粥,最具代表性的为蟹粥,还有近来揭阳市内涌现的春菜粥、鸭粥,"高大上"的鲍鱼粥、龙虾粥。潮州较有代表性的为草鱼粥,特别是潮安庵埠镇的草鱼粥更是别有风味。

　　当然，这林林总总的粥或糜文化非潮汕地区独有，在华夏大地，粥的历史有几千年，分布很广。如寒食节时的腊八粥，郑板桥一捧糊涂粥，缩颈热啜之，乐趣自无穷。至清代李调元《南越笔记》中所说的鱼生粥："粤俗嗜鱼生，以鲈以鲤以白以黄鱼以青鯚以雪鲚以鲩为上。鲩又以白鲩为上。以初出水泼刺者，去其皮刺，洗其血腥，细脍之以为生，红肌白理，轻可吹起，薄如蝉翼，两两相比，沃以老醪，和以椒芷，入口冰融，至甘旨矣。而鲋与嘉鱼尤美。"

　　在潮汕的大街小巷，想喝怎样的粥都有，更关键的是持本书者还有免费的粥可喝（蔡懿光正品鱼粥，位于汕头市澄海区南兴园7幢一层A25号）！不妨就从早餐的白糜配"杂咸"（各种腌制佐餐的小菜）开始。无论在寻常百姓家、街边早餐店或者酒店里，你都有可能遇见一桌让人震撼的杂咸。蔡澜曾说，白糜配上杂咸就是"潮汕的满汉全席"。早上来碗热乎乎的白糜配上杂咸，人的精气神也会随着温度慢慢苏醒，一天的工作也正式拉开了帷幕。

一座海滨食城，每日的骚动，竟然是在那几碗热气腾腾的粿条汤面与各种菜汤、肉汤中拉开序幕。其中一物不得不讲，那就是猪血汤，那一鼎硕大的猪血汤，充分表现了潮汕人对于吃，发挥了物尽其用的巧思。猪血物美价廉，无渣无骨又含多种营养元素，再加上一把西洋菜，便成了既简单又营养丰富的早餐。

说到猪血汤便不得不谈一段"猪血缘"了。早年与食友搭档建宏兄，常穿街走巷觅食，那日匆匆经过长平路平东一街，不经意间见一小档上挂牌"田记猪血汤"。一瞥见档主在侍弄着一桶猪血，每一小块猪血都在其掌中被翻转细看，不时用小刀将边角及气孔位置切去，这些动作，凭我多年的觅食经验，可断定此档值得一吃矣。一试，果不其然，他家猪血滑嫩而无烂感，汤甘香而不腥。与档主一谈方知其亦为资深吃货，对食材的选择也几近偏执，谈吐间不似市井小财主，细问才知原来卖猪血是其第二职业，其主要身份为象棋教师，人称"田老师"。田老师对于饮食倒也客观谦虚，唯独对象棋颇为自负，潮汕话俗称"好脸"，常在与我对弈时称其与大师只有一步之遥，输赢就那么一两步。所以，田老师在卖猪血之余，亦以棋会友，近年也属"猪血明星"了。因早年我推荐其在汕头广播电台美食栏目谈了回"猪血经"，而后一发不可收，市内市外亦有多家媒体报道，特别是近期上了央视二套的《消费主张》，以及国内各大美食圈大咖蜂拥而至其店向其取经，"猪血兄"自此也就飘飘然矣。

当然，田老师是有情有义之人，听闻我撰写潮汕美食书《粤菜师傅的粤菜地图：好食汕头》时，表示强烈支持，承诺对持书读者提供福利——凡携《粤菜师傅的粤菜地图：好食汕头》一书到其店者一律免费获得猪血汤一碗；若有喜好象棋者可与之对弈，若赢，更赠猪大肠一节也。

粿汁不是喝的

一说起潮汕有名的小吃"粿汁",外地朋友很诧异,喝的"果汁"怎么能算是小吃?当然,此"粿汁"非彼"果汁"也。在潮汕,但凡用米磨粉做出来的食品,统称为"粿",就像另一道潮汕小吃"咸水粿",也不是咸的水果。这老婆饼里不也没老婆吗?!

潮州经典的粿汁,是由米浆烙成薄饼而后剪成角状,俗称"粿角",水沸投入煮熟并和以米浆调成半糊状即成,吃时在其上叠加卤五花肉、卤猪大肠、卤豆干、卤蛋等卤味,丰俭由人。粿角烙得好坏一般差别不太大,一碗好的粿汁,最精彩处全在这锅卤味。

汕头、揭阳等地则有另外两种粿汁,也算是另外两个流派。一种与潮州粿汁略有不同,即把手工粿角换成粿条,原因可能是菜市场面食档上粿条更普遍易得。这一流派,具代表性的有汕头市长平路的"老姿娘粿汁"。这家开在小区里的无名小店,地方隐蔽,却有着20多年的历史,一锅浓香的卤味做得一丝不苟。

另一流派则是揭阳普宁的清汤粿汁,是将粿条汤里的粿条换成粿角。一同焯烫的还有猪杂、墨斗鱼须和青菜等,没有米浆的勾芡,汤水清爽鲜美。汕头广厦街有这么一家干净讲究的小店(正宗洪阳粿汁,位于汕头市金平区报春园11幢)值得一试。

粿汁无论作为早餐,还是三餐间的点心,都是非常不错的选择,快捷、美味、舒坦。而我最爱早餐来上一碗,叠满丰盛的卤味,一碗下肚,一整天能量满满。

无鹅不成席

王羲之爱鹅为古今佳谈，有文曰："又山阴有一道士，养好鹅，羲之往观焉，意甚悦，固求市之。道士云：'为写《道德经》，当举群相赠耳。'羲之欣然写毕，笼鹅而归，甚以为乐。"（《晋书·王羲之传》）书圣爱鹅，系玩赏雅兴，待之为宝贝宠物。广东人也视鹅为宝，只是不当玩物，而是美味。

鹅在广东人的饮食文化中占据着极其重要的环节。在广州虽有"无鸡难成席"的传统习惯，但在广东，其实鹅的重要性更甚，特别是鹅的分布性与烹制方式的特性明显。

在广东，鹅主要分成东、西两大阵营，但是从鹅种到制作方式却大相径庭。粤西以烧为主，鹅种主要是六七斤重的黑鬃鹅；但到了粤东的潮汕一带又不大一样，从鹅种到烹制方式又自有其特征。既然这本书主要写潮汕的饮食文化，那么下面的文章就重点介绍潮人爱鹅、以卤为美的故事了。

鹅在潮汕人的生活中非常重要，潮汕卤鹅从鹅种

在潮汕人的餐桌上，『无鹅不成席』，一如广府人、客家人的『无鸡不成宴』。

到制法，有其独特与自豪的地方。鹅种以潮州饶平浮滨乡的巨型鹅"狮头鹅"为贵，狮头鹅素有"世界鹅王"之称，十几千克者，并非罕见。而烹制狮头鹅的技法，潮汕人独爱卤制，且颇有心得。且先说说卤鹅在潮汕人生活中的地位——在以前物资匮乏的年代，鹅肉并非日常三餐就能随便享用，一般只有春节和中秋这两大节日才会宰鹅祭祖拜神，然后全家食用。祭祀的节日，也是饮食的节日。卤鹅，成了人们盼念的极品佳肴。若你喜欢潮菜，也爱上潮菜馆子，你是否留意到，传统潮菜中甚少有凉菜，尤其是凉素菜，凉食除了鱼饭一类，独占鳌头的就是卤味了。招待贵宾，先来个"卤味拼盘"作为头盘，快速、体面又美味。而拼盘中，主打的也必是卤鹅。在潮汕人的餐桌上，正所谓"无鹅不成席"，一如广府人、客家人的"无鸡不成宴"。

余壮忠

　　汕头日日香鹅肉店掌门人，汕头市级非物质文化遗产代表性传承人，其申报的"卤鹅制作技艺（澄海）"项目于2019年入选汕头市级非物质文化遗产的名录。经过多年亲力亲为、艰苦打拼，他一手打造的卤鹅食品已成为潮汕地区最具名气的卤鹅金字品牌。《舌尖上的中国》《老广味道》等节目，都对他的故事进行过专题报道。

招牌食谱

日日香鹅肉

用的是汕头澄海的狮头鹅，大小约5千克，与其他卤水店不同的是，汕头『日日香』鹅肉店坚持每天用新鲜现卤配料来卤鹅，卤出来的鹅肉多汁又鲜美，甘香而不腻，也因此得名『日日香』。通过明档，看着卤好的鹅蛋、鹅头、鹅肝、鹅肠、鹅翅、鹅掌等，让人立马口水泛滥。除了美味的狮头鹅，在这里还能品尝到其他美味，比如椰子鸡、叉烧包等。

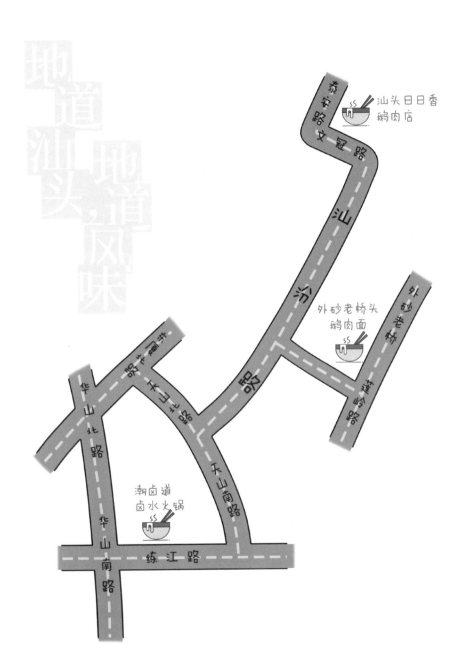

地道汕头, 地道风味

汕头日日香
鹅肉店

泰山中路
文冠路

汕汾路

外砂老桥头
鹅肉面

外砂老桥

珠浦中路

外砂分路

华山北路

天山南路

潮卤道
卤水火锅

华山南路

练江路

闯荡卤鹅江湖的一桶卤汁

卤鹅，在潮汕的美食江湖中享有崇高的地位，更因其味美而从潮汕走向全国、走向世界，受到了国内外餐饮界的一致认可。这么美味的卤鹅，是怎么靠一桶卤汁在美食江湖闯出一片天地的呢？

潮式卤味素以味浓香软著称，其实卤料中的八角、桂皮、香叶等十几种基础香料与鲁、苏、川等菜系的用料并无大异，而潮式卤味的绝妙之处就在于卤料中独有的南姜，使鹅肉具有独特怡人的辛香。卤制过程中，火候技术当然也是十分考究的。若再以区域细分，汕头市区的卤鹅偏咸香；潮州的则偏甜口，以溪口鹅肉为典型代表；口味咸甜适中的莫过于澄海卤鹅。咸甜差异则在于配料中酱油、盐和糖的比例控制。多数鹅肉店会以拥有一锅独家秘制的陈年老卤自居自傲，认为这是闯荡卤鹅江湖并由此坐揽一群拥趸的"独门秘籍"。瞧那半人高的一大桶卤汁，天天煮了又煮，熬了又熬，浸煮过数十万只大鹅，乌黑润亮暗若深渊。而究其实，"老卤"是不是真的好？

这个疑问，常常在我夹起鹅肉时，就会蹦出来——直到有一天我赴澄海的乡村宴席，其间听到两位卤鹅从业者在争论"老卤"与"新卤"的利弊，因此认识了年轻的鹅肉店老板余壮忠。他近年来关注到"老卤"诸多妨害健康的问题，经过研究后大胆地摒弃了"老卤"，改用日日新调卤汁。他说如此鹅肉才能香甜、鲜活，而"老卤"有多酸、黏稠、高亚硝酸盐等弊端。当然新调卤汁也有其不足之处，就是色泽较浅，没有传统观感，所以，年轻的壮忠巧妙地将某些植物原料加入其中，起到着色兼提鲜的作用；兼之他所选的鹅只均来自韩江沙汀上常做游泳运动、食杂粮牧草的成鹅，所以我到其店一试果不其然，肉含汁而鲜美、甘香而不腥腻，正如其店名"日日香"也。除了美味的狮头鹅，在这里还能品尝到其他美味，比如椰子鸡、叉烧包等。

余壮忠从一锅一刀做起，凭借着自己的智慧和毅力，发展成为坐拥三十多家连锁店的掌门人，走出了一条拼搏创业的成功之路。可以说，余壮忠改变了潮汕卤鹅的风味，而"新卤"也为余壮忠以及他的日日香鹅肉店带来新的飞跃。

经过多次的研究和尝试，我也十分认同余壮忠的"新卤"理念，因此将其故事写进本书。把我当知音的余壮忠，近日得知我正在写本书，当即拍板支持，携本书者到日日香鹅肉店可免费品尝一碗鹅肉饭配汤，以表相知之情，我在此一并谢过。来到潮汕，鹅肉不止这点事，往后再表。

花式吃卤鹅

在珠三角地区，"一鱼多吃"，不仅让吃货大快朵颐，还让人长见识。其实，这是对食材物尽其用的致敬。在潮汕地区，一只卤鹅怎么吃也已经被"玩出花"来，完全可以媲美"一鱼多吃"。如果说烧鹅只是皮好吃，那卤鹅可谓全身上下都是宝！从鹅头、鹅脖、鹅上庄、鹅翅、鹅掌、鹅心、鹅胗、鹅血、鹅肠，就连鹅肝都有普通跟粉肝之分，加上"凑数"的卤水豆腐，一只卤鹅，可以有10多种吃法！如此多的吃法，到底哪种更胜一筹呢？摒除个人习惯和喜好不说，这么大一只鹅，懂吃的要吃鹅头、鹅肝，脂香甘腴、回味无穷，鹅肠肥美爽脆也是至宝；其次是鹅掌、鹅翼，绝对是下酒好料；再次方为鹅肉，老少皆宜。鹅肉皮滑肉厚，甘香无比，全无鸭肉之腥气，再蘸点蒜泥白醋，去腻提鲜，让人频频举筷，欲罢不能。

这么多选择，到底该点哪一份？当你选择困

当你选择困难时，就来一份卤鹅拼盘，足以满足你吃货的心。

难时，就来一份卤鹅拼盘，足以满足你吃货的心。卤鹅拼盘几乎是食客必点的，根据人数可以点"三拼""五拼"或"八拼"。传统卤鹅三拼是肉、掌、翅，新潮卤鹅五拼是肉、掌、翅、肝、胗。最令食客追捧的，当属吃货圈的网红"鹅八珍"，也就是"八拼"，鹅肉、鹅翅、鹅胗、鹅肝、鹅肠、鹅掌、鹅头、鹅脖集一拼盘，涵盖了卤鹅全身的美味。卤鹅拼盘上来后，蘸点地道的蒜蓉醋，送进嘴里，肉香细腻，清爽解腻。

许多人问我："一整只鹅，哪个部位最美？"我会跟他们说："各有各的好。"

但一定要排列的话，我当然选鹅肠。鹅肠的那种爽脆是其他部位无法替代的，但是吃鹅肠有许多先决条件，比如鹅肠一定要足够新鲜，最好就是守在鹅场等候宰鹅的师傅在开膛破肚之时，赶紧把鹅肠掏出，快速剪开清洗，用卤汤或清水皆可，快速灼烫三十秒，那种口感连神仙都想下凡尝试。爽脆带滑糯，动物内脏的丰腴滋味展现无遗。若是不新鲜的鹅肠，那就大打折扣了。一般的卤鹅店会把肠先卤好，这样的肠虽然口感差了一些，但也不妨碍鹅肠在一只鹅的部位细分中的高贵地位。所以朋友请吃鹅肉有没有留肠给你吃，这个关系到友谊问题。

说完了鹅肠，鹅身上究竟哪块肉最好吃？我个人觉得鹅肉最好吃的部位，是大腿底下的那一部分，也就是鹅的下半部分。把大腿整个切下，剩下连接鹅屁股的这块肉是最好吃的，它肥中带瘦，皮厚略带脂肪，汁水饱满，一口咬下，人生所有的满足感都在其中。

牛肉火锅体现了汕头人的食不厌精

　　我作为一个汕头本土的吃货，被外地的朋友问得最多的其中一个问题就是："标哥，你跟我们讲讲汕头的牛肉火锅历史吧。汕头人吃牛肉，吃得这么精细，而且这么喜欢吃牛肉，据说没有一头牛能活着离开汕头的，应该很有历史吧？"

　　往往听到这个话题我就尽量把话题引开，因为要说到一段历史，我希望尽量以客观、科学、真实的态度去阐述。最怕有些人写书，写到一些传统故事时，一定要扯上一些子虚乌有、无法考证的传说。我问过一个做牛肉火锅的人，汕头牛肉火锅有没有出处。他给我讲了这样一个故事："相传13世纪大蒙古国时期，元太祖成吉思汗带兵出征。有一天成吉思汗刚好想吃家乡的牛肉，哪知刚杀好牛就接到敌军来犯的报告。为了不耽误成吉思汗上战场，御厨情急之下把牛肉切成薄片，在滚水里一涮蘸上酱料便呈给成吉思汗吃。这种吃法方便且美味，从此成吉思汗喜欢上涮牛肉。到了现代，潮汕人延续蒙古族人对牛肉的喜爱，加上潮菜的精细讲究，逐渐演变成现在的潮汕牛肉火锅。"他这个故事讲完，我差点和他绝交。

这样的故事是我不愿意去讲的，在我的认知和研究中，关于牛肉火锅的历史，时间是很短的。我查阅过许多资料，关于汕头吃牛肉火锅的记载，几乎是找不到的。包括我找到了汕头比较早期出的美食书《食在潮汕》，这本书应该算是汕头最早期的美食书了，它是由汕头市旅游局主编、广东旅游出版社出版的美食书。这本书一字未提牛肉火锅一事，所以可见牛肉火锅的兴起是时势造英雄的产物。当然从早期的牛肉丸、牛杂汤，零零星星的店一直是有存在的，但都成不了大气候，因为以前汕头大街小巷的火锅店主要是吃蛇肉等。

专营牛肉火锅的，从20世纪90年代开始，有"福合埕"和"玉兰牛肉"，那时候吃牛肉火锅还没细分得那么透彻。但是有一个让牛肉火锅一夜之间风生水起的契机，那就是2003年"非典"后，大家开始对吃野味敬而远之，所以汕头大街小巷的特色火锅店纷纷转型，寻找出路。那段时间多了许多新的业态，有专门吃鸡的火锅店，也有许多海鲜火锅店，但都好景不长。唯有牛肉火锅异军突起，店铺越开越多，
随着竞争的白热化，
每家店都挖空心思，
从选材到肉的细分，
以及研究怎样才能做到材料新鲜而价格亲民。

这在2007年到2012年做到了极致，特别是有一些牛的屠宰场瞄准了这个风口，在屠宰场的前面开起了牛肉火锅店，用简单粗犷、物美价廉的经营方式，把牛肉火锅的根充分植入了每一个汕头人的食欲神经中。那段时间，每个屠宰场前面的火锅店里盛况空前，人多的时候一家店里座无虚席，同一时间有上百桌的人在吃牛肉火锅。还有大量食客围在店前观摩切肉师傅切"会跳舞"的牛肉。因为前面是火锅店，后面是屠宰场，所以刚宰杀完的牛肉，肉的神经细胞还没死去，肉还一直在抖动，这时候切肉是对一个切肉师傅最大的考验。

但这个场景对于无鲜不欢的汕头人来说，就是最好的吃牛肉的无声广告。所以从这个时候开始，牛肉火锅真正成为汕头火锅行业的主力军，也涌现了像八合里海记这样的优秀经营者，把汕头的牛肉火锅带到了全国各地。

所以，一个产业的发展和它的历史有多悠长，并没有必然关系，和它过去的故事也没有必然关系。最关键的是从现在开始，牛肉火锅必定被载入汕头人的吃喝史里。

林海平

　　八合里海记创始人，汕头饮食文化的推动者。林海平从十几岁便开始学习切牛肉，如今已有几十年经验。他深知刀工对牛肉口感的影响，因此练就了一身绝伦的刀功。近年随着其事业成就的不断高涨，他也继续努力学习，同时研究如何带动整个潮汕美食的业态一起成长。

秘制沙茶酱

沙茶酱是广东省等地的一种特色混合型调味品。对潮汕人来说，沙茶酱与牛肉是天生的绝配。八合里海记的沙茶酱由其创始人林海平秘制而成，在保证传统口感不流失的基础上进行了优化和改良，新一代的沙茶酱更加符合大众口味。但是沙茶酱作为八合里海记牛肉火锅店的点睛灵魂，在此也不好意思开口问制作流程与配方了。

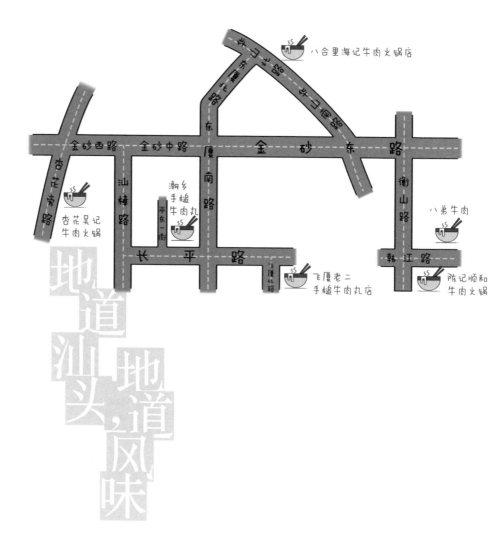

八合里海记牛肉火锅店

杏花吴记
牛肉火锅

潮乡
手槌
牛肉丸

八弟牛肉

飞厦老二
手槌牛肉丸店

陈记顺和
牛肉火锅

金砂西路　金砂中路　东厦南路　金　砂　东　路

杏花青路　汕樟路　平东一街　长　平　路　飞厦北路　衡山路　韩江路

地道汕头,地道风味

　　有时推动着某一种事物登上舞台与走向辉煌的事件，都是不经意的。近年来谁也想不到推动着潮汕美食走向全国，而且一时风头无两的竟是一锅牛肉火锅。而这锅火遍全国各地的牛肉火锅品牌竟然创自一个名不见经传的年轻人，火锅店的品牌也是一个新创品牌。这一切还得从一个人说起，那就是八合里海记牛肉火锅店的创始人——林海平。

　　1992年，老家位于潮安金石的林海平，到亲戚家的潮汕牛肉丸店打工，成为一名学徒。右手一把利刀，左手边一块砧板，13岁的林海平从学徒熬成师傅花了超过10年的时间。2003年，林海平终于成了店里的切肉师傅，同时学着协助管理店内的大小事务。做了5年师傅之后，生活的压力催促着林海平跳出原来的环境，到更大的世界里去闯一闯。于是，在2008年，已步入而立之年的林海平决定正式结束自己的打工生涯。林海平与哥哥多方筹措，在汕头八合里附近租了一个面积23平方米的档口，开了一家名为"海记"的牛肉店。

　　起初这家店仅由林海平与兄嫂、父母一家五口操持。在开业不到一个月的时间里，凭借着在牛肉店十几年打工积累下来的刀功及对牛肉的了解，林海平总能让到店的客人吃到满意的牛肉，价格又亲民。

开店创业4年后，林海平的八合里海记就被汕头的美食老饕和餐饮界评为最好的牛肉火锅店之一，并先后四次入选CCTV美食纪录片，也成为《十二道锋味》《天天向上》等多个节目的推荐美食店。

2014年，走出汕头的第一家八合里海记在深圳开张了，选址并不是人气旺盛的商业区，而是一条偏僻的小巷，但开张第一天就排起了长队。此后，八合里海记以平均每月开3家新店的速度扩张，如今在全国18个城市，共开启门店140余家。

所以现在外地人一提到潮汕美食，第一个想到的就是八合里海记牛肉火锅，也由此一提到牛肉火锅就想到潮汕美食。所以林海平近年来对"潮汕美食"的带动与推广功不可没。在我写这本书时，也有朋友质疑说："标哥，林海平就是一个切肉的，他不是大厨。"我回朋友说："你认为怎样才算大厨呢？人家能把一头牛细分出不同的部位，熟知用什么火候去涮最好吃。能够把肉切得薄如蝉翼，一烫入口即化，这不算厨艺吗？要你这样说，那些切生鱼片的日料师傅也不能叫大厨啦？"在我看来，不论以什么形式，能在某一个细分品类做到极致，让食客满足口腹之欲者都是可敬的大厨。林海平不只刀功绝伦，近年随着其事业成就的不断攀升，他也努力学习，不断提高思想水平，由原来自己做生意发大财，到如今经常想着怎样带动整个潮汕美食的业态一起成长。

　　林海平为了潮汕牛肉的一个"鲜"字，在供应链上的付出远超过其他商家。八合里海记在内蒙古、云南、贵州、四川、宁夏投资建立养殖场。这些天然养殖场拥有得天独厚的环境，养出来的牛肉质紧致鲜嫩。除了投资建立养殖场外，八合里海记在深圳、广州、北京等地都设立屠宰场和配送车队。先从养殖场将牛运输到各地屠宰场，让它们在当地生活适应一周再进行屠宰，最后通过配送车队送至该地区的各个门店。

　　除了对养殖基地的严选，八合里海记在牛的宰杀方面也是追求古法。一般屠宰场会用电击法来宰杀牛，然而这种高效的方法会导致肉质变硬。所以，一直以来八合里海记坚持用潮汕的古法屠宰，先打晕牛再屠宰，避免牛受到惊吓导致肉质变硬，因此才能保持极致的口感。

　　此外，在八合里海记吃火锅，每餐的牛肉都是现杀的。一头牛从被屠宰到送至门店分解正常不超过3个小时。甚至有时牛肉到店时还能看到牛的肌肉纤维在跳

动，上桌时还有余温。八合里海记大部分门店能做到牛肉每日三宰三配，甚至有些门店还升级到每日四宰四配。这是八合里海记为了保证牛肉的鲜美而做的进一步提升。根据餐点时间，每餐都配送现宰的牛肉，配送时间分别为中午、下午、晚上和夜宵。每一批送到门店的牛肉都有相关检疫证明，让食客安全放心地食用。

作为火锅食材的牛肉，林海平对牛的要求十分苛刻，只选用肉质更嫩、肉味更鲜美的母黄牛。养殖场内的母黄牛都是吃天然草料长大的，加上养殖场得天独厚的自然环境，母黄牛长得更加好。黄牛的寿命一般有15年，八合里海记只选3—4岁、体重400—500千克的母黄牛。年龄太小的牛肉太软，口感不够韧；年龄太大的牛肉太老太硬，难煮难嚼。3—4岁的母黄牛口感刚好，最适合用来涮火锅。

一口鲜嫩的牛肉，除了须要严选养殖基地、屠宰方法、牛的品种之外，刀工对牛肉口感的影响也是至关重要的。八合里海记的创始人林海平从十几岁便开始学习切牛肉，如今已有几十年经验。他深知刀工对牛肉口感的影响，因此八合里海记对切肉师傅的刀工要求也极高。八合里海记每家门店的刀工师傅大都需要5年以上的学习，才能上档口切肉出品。十种不同部位的牛肉须使用十种不同的刀法，才能切出薄厚适中、肥瘦相间、肥而不腻的牛肉。

以上这些坚持都是林海平为了整个潮汕牛肉火锅业态所坚持的情怀。我也期待着林海平的情怀与理想能够一步步地实现。

在汕头吃牛肉刷的是脸

除了八合里海记，许多朋友还问："在汕头吃牛肉，哪家店最好？"我经常要和他们解释："没有哪一家绝对好，也没有哪一家绝对不好，关键是你的面子够不够大。因一头牛好的部位确实太少了，每个人都想吃好的那是办不到的。所以在汕头吃牛肉靠的是人情，刷的是脸，老板对你若足够重视，你就有好肉吃。"

到底一头牛有哪些肉好吃呢？它们分别是五花趾、匙肉、三花趾、匙柄。

五花趾：五花趾是牛后腿的肌腱部位，口感相对三花趾也更为脆爽！只占整头牛的1%，极其珍稀。其筋络分明，红色的牛肉和白色的油花相接相连，筋道十足。将之放进锅里轻轻一烫，肉立马就卷在一起，入口非常爽口、有嚼劲，唥唥鲜甜。

匙肉：匙肉堪称牛肉届的"劳斯莱斯"，是一头牛中肉质顶级的部分！油脂呈点状分布，形若雪花，而且匙肉也不是每一头牛都有，靓的匙肉可遇不可求。其口感细腻鲜嫩，颜值极高，简直是牛肉里的颜值担当，而且没有过多的油脂，入口即化且不油腻。

　　三花趾：牛前腿肉三花趾和五花趾一样，除了五花趾，整头牛最弹牙的肉就是它！涮熟捞起呈半透明状，牛肉与筋相接，吃起来肉质酥脆，带着嚼劲且汁水鲜甜，满足感十足！

　　匙柄：在匙柄中间有一条明显的肉筋纹路，两边则成叶子状条纹分布，软嫩细腻且极有拉伸感，口感柔滑中夹带着弹劲，蘸上沙茶酱，鲜甜爽口至极！

　　若有幸吃到这些部位，说明你面子够大，更享受到了味蕾的狂欢。当然，对可遇不可求的美食体验，不必耿耿于怀，掌握好涮牛肉的方法，同样可以满足你对汕头牛肉火锅的期待。

　　牛肉怎样涮才好吃？把水大火烧开，把肉倒下，关火，用筷子搅一搅，十秒钟捞起，快吃。这才是涮牛肉的最佳打开方式。所以，以后再吃汕头牛肉火锅，不必太纠结哪家好吃，涮对方法也是关键。

好吃的牛肉丸不是『吹』出来的，而是打出来的

在影视剧或美食节目里，潮汕的牛肉丸是一个传奇的存在，"肉丸弹地"的盛况也令很多食客神往。因此，潮汕牛肉丸成了潮汕美食的名片之一，不仅活跃于潮汕地区的街头巷尾，更点缀着无数中国人的餐桌。

说实在的，写一个食物，我要对它情之所至。汕头牛肉丸出名因为是手打纯肉，但如今工业化发展如此迅猛，要找到一个仍用传统费时费力没产量的制作手法的牛肉丸店谈何容易。早些时候汕头市区榕江路也有一家店坚持用手打牛肉丸，但其用的味精太多，吃了粘喉。我近日倒是认识了一个有故事的牛肉丸店老板阿坤。

阿坤老家福建诏安，他家里长辈从事饮食业，特别是其牛肉丸在诏安出名已久。诏安有家牛肉店叫镇发牛肉店，是他伯父经营的。他家打牛肉丸有一绝，用的是青石砧板、木槌，打出的牛肉丸柔软不失弹性。他父亲和伯父也希望阿坤毕业后以此营生，但阿坤年少气盛，不愿从事这一行当，跑到汕头做业务员，自己经营过汽车配件、五金机械，在

外漂泊十几年。但近年阿坤却有了新的触动，因他每到一地，一说潮汕话，人家还没谈生意，第一句话问的都是你们潮汕牛肉丸如何好吃。或许从小受家族生意的影响，阿坤对牛肉丸也有感情，所以阿坤决定改行从事牛肉丸生意，在汕头市长平路平东一街街头开起了牛肉火锅店，还打了一招牌："全

市首家现场制作手打牛肉丸"。

我看了有点不以为然，就前去一试，吃前问老板阿坤："你这牛肉丸'吹'得有点大。"谁知阿坤说："大哥，牛肉丸好吃不是'吹'出来的，而是打出来的。"我一听乐了，买了一碗现吃，一吃有点惊喜，我问阿坤："你味精倒是放得很少。"他惊讶："您怎么知道的？"我也跟他说："我不是'吹'出来的，我是吃出来的。"

所以这个有意思的牛肉火锅店老板碰到我这个"疯子"，注定有他受的了。我跟他说："你的质量和味道从目前来看，是我吃到最好的一家，但不知你能坚持多久。"他急了，说："牛肉丸我自己也打，等会我打给你看。"我说："我陪你打，但能坚持吗？"他听了又急了，说："没问题，不信我们打赌。"我跟他说："不用赌了，这样，我要写本美食的书，还没写牛肉丸，我把你写进去，你让读者来试吃，让读者来检验，你敢吗？"阿坤也是性情中人，一口约定："林哥，你敢写我敢送，读者只要持书到来，我便免费送一碗牛肉丸粿条给他吃。"我也为阿坤的豪爽所感动，希望他能一直保持这种品质，把牛肉丸这张汕头美食名片做好，至于他能坚持多久我也只能拭目以待。

到此也算完美地为读者又争取到一份福利，在此一并感谢阿坤老板了！

小吃才是最潮汕

近年汕头的美食名声远扬，许多饕客纷至沓来，我也经常接待各方寻味之友，也每每要回答许多有关汕头美食的问题，但听到最多的一句话就是："标哥，汕头有什么好吃的小吃？"

我针对这个问题做过调研，突然发现汕头的美食其实大部分都是小吃，因为我们除了正儿八经在大酒楼或私房菜馆吃些大菜以外，大多数的菜品其实都可以归类到小吃的范畴，有些现在的大菜其实在过去的年代也是从小吃演变过来的，比如现在的汕头名贵菜"烧响螺"。从20世纪80年代到20世纪90年代末，烧响螺在龙湖食街一带就是一个小吃，后来"螺"变名贵了，这个小吃就变成一道大菜。所以小吃是一个地方美食的基础，因为许多小吃都是不同阶层人民的智慧结晶。而且，整个汕头关于味道的细分可以说是一村一味、一乡一习惯，很多小吃都是因地制宜，当地有什么特

产就做什么。还有就是广大的妈妈们为了让家里人在有限的条件下吃得好一些、多样化一些，所以就挖空心思地研究新的小吃，因此后来很多大厨的菜品研发灵感也离不开各地妈妈的味道。

所以来汕头寻味时懂得从街头巷尾入手去寻找各种小吃的人才是真正懂吃的人。

如今的汕头聚集了来自潮汕各地的小吃精华，从牛肉丸到粽子，各类粿品、甜点，吃饱的、吃巧的都是小吃的范畴。哪怕您到大酒楼里吃饭，除了点三两个大菜以外，许多菜也属于小吃，所以我和朋友们说，来到汕头，小吃才是你的终极目标。

陈少俊

　　人如其名，温文而英俊，光看他的外表，很难把他和一个厨师联系在一起。其外表清秀、斯文，倒是和他现在从事的职业很般配——教师。但这种教师工作却是整天在"刀光剑影"中度过的，因他从事的教育工作就是培训厨师。但陈少俊乐在其中，也许在他的骨子里就注定做个教书先生，要去教书育人的。他在自己的厨艺上也不敢有一丝苟且之心，多年来取得了许多令人瞩目的成就。

招牌 食 谱

炊莲花豆腐

「炊莲花豆腐」是陈少俊在2017年中国潮菜名厨烹饪大赛荣获个人金奖的作品，此菜是潮菜一道粗料精做的典型代表菜肴，突出潮菜的精、巧、雅，其造型美观，形似莲花，盘底以莲叶衬托，再配上莲花花瓣做盘围，形成一道精美的菜品。

烹调方法：炊（蒸）

主、副料：内酯豆腐1盒、鸡蛋4个、红蟹肉25克、虾肉50克、瘦肉50克、高汤100克、青豆仁10克、莲叶1张、莲花1朵

调味料：味精2克、食盐3克、胡椒粉0.5克、麻油1克

工艺流程：

（1）将虾肉、瘦肉剁蓉后加入味精、盐、胡椒粉、麻油与红蟹肉一起搅拌成肉馅，将肉馅分成24份待用。

（2）将内酯豆腐放入搅拌机中，加入4个鸡蛋清一起搅拌均匀成泥浆状后倒入汤锅中。

（3）在24只汤勺底部抹上一层薄油，加入一层豆腐泥，放入一份肉馅，再盖上一层豆腐泥。另取一个圆形味碟，抹上薄油后加入一层豆腐泥，放入肉馅，再盖上一层豆腐泥，放上青豆仁做成莲蓬状。

（4）将装有豆腐泥的汤勺、味碟放入蒸柜中小火蒸制7分钟后取出，用小刀将汤勺、味碟上的豆腐刮出来。

（5）莲叶焯水后放入圆盘中，将莲花花瓣形状的豆腐围成两层，中间放上圆形的豆腐作为莲蓬。

（6）取莲花花瓣围在豆腐外围，高汤下炒鼎，下味精、盐勾芡后淋在豆腐上面即成。

技术关键：

（1）豆腐泥盛装在汤勺中要饱满。

（2）炊的火力控制在中小火。

风味特点：味道鲜美、柔软嫩滑、营养丰富。

知识拓展："炊莲花豆腐"通过改变烹调方法，也可以制作"清莲花豆腐"。将莲花豆腐蒸熟后，放入汤锅中，再加入高汤，入蒸柜蒸热后取出，可成一道鲜美的汤菜。

果香虾筒

此菜为陈少俊荣获2018年第三届广东省技工院校技能大赛暨首届广东省『粤菜师傅』技能大赛工匠组第二名的菜。菜品的设计是在传统潮菜『干炸虾筒』的基础上进行创新，将芒果肉条与木虾卷成虾筒状，配以百香果汁。清爽的虾肉中透着淡淡的果香味，使得菜品口味更为美妙。

烹调方法： 炸

主、副料： 木虾12只、芒果1个、面粉100克、鸡蛋2个、面包糠150克

调味料： 姜20克、葱10克、酒2克、味精2克、食盐3克、百香果1个、糖浆20克

工艺流程：

（1）将木虾去头，剥去身壳留尾壳，用刀在虾背片开后去除虾肠，改花刀后用姜、葱、酒、味精、盐腌制；芒果肉切5×0.8×0.8厘米的条状。

（2）将百香果切去1/3，将里边的果汁倒入鼎中，加入糖浆加热浓缩后再倒回百香果果壳中；鸡蛋打入碗中，用筷子打散。

（3）在虾的外部包上一条芒果条，再裹上一层面粉，蘸鸡蛋液后再裹上面包糠压实。

（4）鼎下油加热至140摄氏度左右，下裹好面包糠的虾炸至金黄色后捞起摆盘，最后配上百香果汁即可。

技术关键：

（1）芒果条包虾时要裹紧。

（2）裹上面包糠后要压实。

风味特点： 口感外酥内爽嫩，有淡淡果香味。

知识拓展： 水果与虾的搭配应选用味道比较淡的水果，才不会掩盖各自的味道。虾也可以搭配其他果酱来制作菜肴，如用果酱，也可以采用爆炒的烹调法做"果香爆虾"。

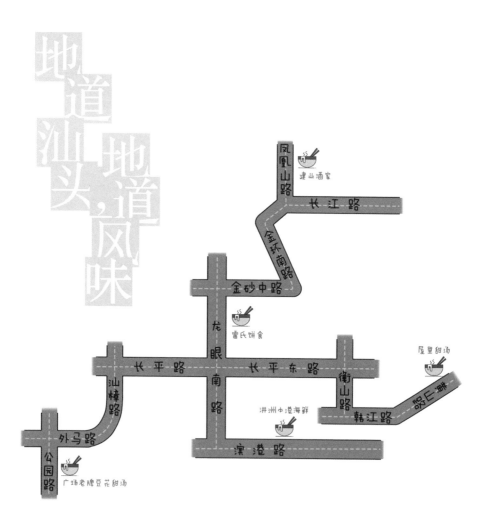

地道汕头，地道风味

凤凰山路

建业酒家

长江路

金环南路

金砂中路

龙眼南路

雷氏饼食

屋里甜汤

长平路　长平东路

衡山路

汕樟路

洪洲本港海鲜

韩江路

饺仁粿

外马路

公园路

广场老牌豆花甜汤

滨港路

　　每当街上响起清脆的"咚咚"敲碗声，初来汕头的外地朋友定会好奇地探头探脑瞅个究竟，但这对汕头人来说就再熟悉不过了，这是叫卖草粿（也称"凉粉"）的声音。多少年来，这种敲碗叫卖草粿的方式一直没变，延续至今，成了汕头人对草粿这种传统小吃约定俗成的交易信号。而卖豆花（即豆腐花）就不同了，卖豆花的小贩会尽量扯大嗓门、拉长腔调喊着："豆花——"

　　20世纪六七十年代，汕头老市区的大街小巷里，卖草粿、豆花的小推车来回穿梭，敲碗声、叫卖声不绝于耳。汕头人吃惯了草粿、豆花，而且吃出了感情，它们堪称汕头人的"情感食品"。盛夏是卖草粿、豆花的旺季，卖草粿、豆花的摊档遍布汕头市区的各个角落。据卖家介绍，其熬制草粿的主要原料草粿草是从梅州进货的，草粿草加水后须慢火熬制10个小时左右成浆液状，然后过滤去余渣，再按500克草粿草加上约200克地瓜粉（即红薯粉）的比例勾兑成地瓜粉浆，凝固后即成。制作草粿所用的地瓜粉质量一定要好，做出来的草粿才能富于弹性和柔韧性，味道清香甘美，入口爽滑醇绵。卖家卖草粿时操一把小铁铲，三下两下刮几片草粿盛于碗中，利落地将碗中的草粿"嚓嚓"切花，再撒上白砂糖粉，一碗热腾腾、晶亮亮、香喷喷的草粿就递到你的手中。若凑巧碰上刚出炉的草粿，可让卖家多刮些凝结于上层的草粿皮吃，其胶绵柔韧性更胜一筹，是草粿中的上品，包你吃得咂嘴叫绝。

以当今的饮食理念归类，草粿当仁不让属"黑色食品"。草粿草味甘，性寒凉，有清热解暑之功效，既可消暑气，又可制作点心，确是夏令时节的上佳食品。不过，我也发现有些小贩用从商店里买来的速食草粿粉炮制草粿出售，不仅味苦，其质地、口感远不可与用传统工序、道地材料制作的草粿相比。

而豆花则是将浓豆浆烧沸后，按500克黄豆加上150—200克地瓜粉的比例兑成粉浆，同时按每桶豆花半小茶杯石膏的比例加入石膏助凝结，豆花即告做成。刚做成的豆花特别娇气，20分钟内不能移动它，否则就会"反水"（潮汕话，指固体融化为液体）变稀。

豆浆性味甘、平，有补虚养血、清肺利咽、化痰的功效，以其制成的豆花，对夏季新陈代谢旺盛、精气耗损较大的人们来说确有补益作用。我吃过外地的豆花，对比之下，珠江三角洲一带的豆花稀得很，仿佛是"反水"了的汕头豆花，吃时佐以姜糖水；西南一带的豆花则佐以葱花、酱油、麻油、辣椒等咸食，各具特色。但我作为汕头人，始终钟情汕头风味的豆花。

　　汕头草粿、豆花的佐料白砂糖粉是用白糖熬制反沙而成，豆花也可撒新出的红糖，多数卖家会在糖中掺入白芝麻，使豆花更香甜。汕头的豆花，最具代表性的非"广场豆花"莫属。其他流动摊档的豆花多为软浆，广场豆花为硬浆，口感略粗，但豆香更明显，加上糖粉、花生粉、麻油，实为一份不错的下午点心，吃完后摊主再给你来半碗红糖姜水就更完美了。

潮汕咸甜粽

粽本不单单为潮汕特产，实为国之常物，但在这里不得不谈的就是，潮汕人对于味觉的无限遐思，从对一只粽子的追求中可以体现。人类的至高常味无非咸、甜，潮汕人做粽巧妙地把南、北风味合二为一，取甜料中的豆沙、莲子及咸料中的五花肉、蛋、香菇等，更加以海鲜干料如虾干、干贝，或有加入陈皮之法者。

然而随着生活水平的提高，普通的粽已难以满足一般人的要求了。近年来潮汕做粽者，我当推老牌潮菜酒楼——建业酒家出品的双烹粽。物欲精而主必亲侍之。酒楼老板纪瑞喜本是纯商人，我也难以与之深交。但其对业之所敬，对事之所勤，却使我心也服口

也服矣。每年端午前后之制粽，其必亲侍，从选料到繁工细作一丝不苟，追求米熟而不糜，料至精而味至纯。粽于今本已成为腻物，但建业酒家出品的粽在厚味中显层次，画龙点睛而用陈皮，实为当今潮粽的代表了。

寻找好吃的蚝烙店

潮汕美食中，除牛肉丸的知名度很高，还有一样外地朋友来汕必吃，那便是蚝烙。

其实蚝烙并不是潮汕特有之物，只要是南方沿海且有出产蚝的地方都有类似的小吃。比如临近潮汕的福建泉州、厦门、漳州一带，他们也用一样的材料，只是用稍微不同的方式加工，他们叫蚝仔煎。

不过每一地的做法和配料都略有不同，福建、台湾一带以煎为主。但是他们所说的"煎"，按我的理解其实是"炸"，因为他们放的油太多。但烙就不同，烙者一般用油适量，大火、小火兼顾，追求外脆里嫩，薯粉的外皮焦香与珠蚝的鲜嫩要相得益彰。然而，现在很多师傅做了创新改革，手法也变了很多，特别有些蚝烙小食店为了省工省力，就放大量的油在锅里变油炸，这样做出来的蚝烙就油多粘喉。

因此，时常有朋友问我："标哥，你这本书既然是介绍吃的，总得推荐一些你觉得不错的蚝烙店吧。"尽管我对蚝烙有特殊的感情，但我很少给朋友

推荐蚝烙店，因为现在市面上要找到一家蚝烙烙得让我动心的、满意的，真的太少了，基本是无。

当然，这里面或许是我自己的原因，非店家之过。因为如今社会逐日高涨的时间成本与渐快的生活节奏或许已经不适合慢工出细活的产物了。因为要烙好一盘蚝烙，从蚝的大小、产地、新鲜程度、清洗的干净度，薯粉的纯度品质，调浆的技巧（有硬浆、软浆），猪油的新鲜度，油量控制等，都须要把握好。现今市面上大多数的蚝烙都为炸，不是烙。

其实一个"烙"字已经说明做法，烙必须做到有油而不见油，要在大火、小火之间切换，反复翻烙，达到蚝烙上盘不见油花，口感外稍脆，里嫩糯、鲜、烫，配上一点好鱼露，咸香四溢，这才是一盘我心目中的好蚝烙。但现在却难用这种要求去寻找街头美食了。再这样要求，问题就出在我自身了，因为蚝烙的价钱就那样，无法收得高。

下面还是介绍一些我吃过觉得还过得去的蚝烙店吧。先从周边说起，澄海小食也琳琅满目。有一天夜里，恰逢上海孙兆国老师来汕头探吃，我们由"日日香"老板余壮忠带路，来到了文祠西路的"祥荣蚝烙·菜头粿"店，阿姐的蚝烙属于典型的厚膫多油，猛火狂煎，味浓有冲击力。另一家蚝烙店在庵埠镇亨利路，老戏院往里走一百米左右有一家叫"市内三角头蚝烙"的小店，也是蚝烙专营店，整体感觉还不错。然后在汕头的珠江路也有几家蚝烙店，但没有太深的印象。

最后介绍一家是好朋友彦林推荐的店，因这家店老板的家乡就是饶平洪洲，这个地方特产就是蚝。特别是适合烙蚝烙的珠蚝，就是那个地方盛产的。老板叫麦桂福，早年在汕头龙眼路摆地摊，专门烙蚝烙与煮蚝粥，生意做得风生水起。后来城市"创文"，他就搬到滨港路开了一家"洪洲本港海鲜"店，但因为成本上涨，只能经营一些高档一点的海鲜，蚝烙虽然也是主打，但已经变成"副业"了。但麦桂福的蚝烙无疑是目前的选择中值得一试的，因他有多年的挑蚝择蚝经验，也烙得够多，所以他家的蚝烙做得也较好。

当然像一些老牌的店也都很多，就不一一列举了。

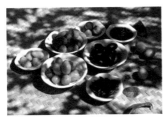

潮汕『圣果』——三棱橄榄

据说橄榄的栽培历史已有两千多年。而中国的橄榄主要种植地在南方，以广东、福建为主。大多数橄榄初嚼味微苦涩，经过慢慢咀嚼后苦涩渐消，甘甜味源源而生，可寓意苦尽甘来。因这样的特点，古人称其为谏果、忠果，也有称为青果者。古有谚语"南国青青果，涉冬始知摘"，所以果出年末，潮人家家户户度春节，家中必不可少。但我自小不喜之，因大多数品种苦涩，嚼后生渣，常呛得咳嗽不停。

宋代诗人王禹偁有《橄榄》一诗："江东多果实，橄榄称珍奇。北人将就酒，食之先颦眉。皮核苦且涩，历口复弃遗。良久有回味，始觉甘如饴。"此诗准确地道出了橄榄的特性，也道出了北方人第一次吃新鲜橄榄的情景。但我在20世纪90年代中期有幸初尝产自潮阳金灶镇官母坑村的老树三棱橄榄后即视之为珍物。其与大多数品种不同的是，未入口而抓两颗于手心，细搓5分钟后食之，半日手有余香，心旷神怡也。入口细嚼，皮脆肉甜，甘香韵重，弥久不消，非其他品种之苦，渣则全无踪影，微涩一过满口清香。特别是节日里大鱼大肉过后，口啖两颗即腥腻尽去，津至舌底生矣。

清代诗人魏秀仁也写橄榄诗，我怀疑其写的便是三棱橄榄也。诗如下："饷郎橄榄两头尖，上口些些涩莫嫌。好处由来过后见，待郎回味自知甜。"（《花月痕》）可见与三棱橄榄暗合也。此异果珍奇、产量有限，加之商家炒作，特别是我于2018年带着广东卫视《老广的味道》栏目组拍摄了一集橄榄和橄榄入菜的各种做法之后，一时"洛阳纸贵"，价格不菲，连我自己想吃时也只能偶求些许解馋也，但外地朋友到汕头有机缘者还是值得一试也，现在市区也有专卖店了。

说回金灶镇官母坑村的橄榄树，该村最古老的三棱橄榄树位于"豪地"。该树种植于明弘治七年（1494年），历史悠久，至今已有520多年（2014年11月经广州市园林科学研究所监测中心鉴定）。其地理位置非常独特，土质、水源俱佳，无污染。树身周长3米多，约需三人合抱；高约16米，足有4层楼高；覆盖面积近600平方米，有将近两个篮球场那么大。周围群峰耸立，溪水潺潺，其亭亭如盖，傲然屹立，雄姿直指苍天，如此老当益壮，似在嘲笑岁月之刀，群山也比之逊色，称得上橄榄树中的"老祖宗"。1978年该树曾结果橄榄735千克。果实成熟时呈三棱形，果皮光滑而呈金黄色，肉质爽脆而不粘核，味道甘香而无涩味，令人回味无穷，且营养成分高，是橄榄中的珍稀品种，也是三棱橄榄中的至上之品。

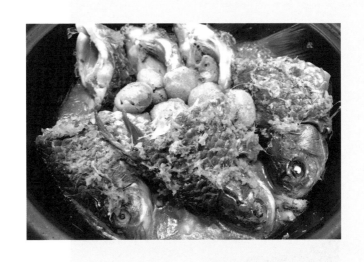

菜名：橄榄糁鱼头汤

原材料：橄榄糁（150克）、草鱼头
（500克）、五花肉（150克）、咸菜片
（50克）、小米辣1个、葱头10个

烹调方法：煮

风味特点：清甜甘香

技术关键：火候掌握

工艺流程：将鱼头冲洗干净，五花肉
切片（厚约3毫米），橄榄糁、咸菜、
小米辣放入锅中加入约3000毫升水，
烧开后撇去浮沫，转小火20分钟后加
入葱头再次大火烧开即可。

菜名：橄榄菜炒虾

烹调方法：炒

主、副料：橄榄菜（100克）、五花肉（50克）、虾（250克）、蒜头4小粒、葱头15个

工艺流程：五花肉切丝，蒜头切片，将五花肉放入锅中煸炒出油脂后加入蒜片，葱头炒至金黄后加入橄榄菜，虾翻炒至干身熟透即可。

技术关键：猛火

风味特点：咸鲜可口

潮汕甜食与中国梦的巧合

我一直认为在潮汕的饮食习惯中，甜的意义其实更大于身体的需求。从祭拜神灵到宴席，这种甜更多带着潮汕人对美好生活和未来的期望。

所以我发现潮汕甜食的意义和近几年提出的"中国梦"竟然有不谋而合之意。中国梦的愿景也是希望人民美好地生活着。大家都安居乐业、幸福生活着，这就是中国梦。

就像我自己也有梦，那就是努力多写一两篇好文章，力所能及地去推广汕头的文化和美食。但在提笔写这篇甜食文章时，恰好我的老朋友蔻蔻梁发来一篇前些日子采访我关于潮汕甜品的文章，让我看一看有没有须要修改的地方。我反复看了三遍，觉得这不就是我要写的内容吗？而且按我的文笔肯定写不出她的水平。所以我就整篇搬过来凑字数了，原文如下：

九月的一个下午，临近中秋节，潮汕的"玩味家"林贞标把汕头建业餐厅庆典拜祭所用的一尊三尺糖塔搬回办公室去玩，算是一种怀旧。这是他儿时常见到的东西，现在已经很少再有人做了。

他将糖塔的照片发在社交网络上，引起不少潮汕人哇哇大叫，大家回忆起小时候在庆典之后分食糖塔："好硬好硬的糖，拿在手里可以吃好久，小时候最能够放肆吃糖就是这个时候了。"

潮菜研究会的会长张新民认为潮汕人爱甜，首先是因为潮汕有"甜"，毕竟整个潮商史都建立在潮汕的"糖史"之上。本文开头那位搬出糖塔来的林贞标则更愿意把潮汕地区的"甜"解读为一种比味觉体验更高远的东西，它除了是一种味道，更是幸福和希望的具象诠释，是潮汕人自古以来对美好生活的期盼和祝愿。

潮汕地区自古山险河恶，来自海洋的风浪每每侵袭，并不具备成为粮仓的好条件。好在老天爷总会留给勤劳的人机会，此地非常适合种植甘蔗，而糖和盐一样，是一种重要商品。农历三月，南风乍起，风满船帆的红头船满载着一船潮糖，沿着江河一路北上，抵达苏州、上海。根据记载，当时一船能载三四千包糖，连船身算，一船值数万两白银。

而这些远销浙江、上海和苏州的砂糖除了一部分供人食用以外，还有一项较少人知道却重要的功能——染丝。清代光绪版续志的《物产》记载："揭所产者曰竹蔗，糖白而香，江南染丝必需。"揭糖作为江南染丝的必需原料，数量巨大，而且持续时间也长，这催生了竹蔗生产与榨糖成为潮汕地区揭阳一带的龙头产业。在潮汕地区，清光绪以前四乡六里建设起来的各种大宅、祠堂和书斋基本都是这一甜蜜事业的结晶。潮汕好些大户人家都能数出先人拥有多少甘蔗田、糖寮以及制糖厂。他们通常在浙江、上海和苏州都有商号，贩了糖，换了钱，在苏州和上海的声色犬马之地开了眼界，到北风起时，又把那吃喝玩乐的新鲜玩意儿譬如丝绸帛布、黄豆药材载在船上自北往南带回来。所谓"苏州的样儿，潮汕的匠"，如今看潮绣和个别潮菜及点心，莫不有苏杭影子。

那个年代的人估计无论如何也想不到，不过百十年间，西方工业文明发展迅速，外糖倾销入境，本地糖价大跌，导致风光一时无两的糖商纷纷倒闭，而蔗农利薄，又把蔗田变回种植蔬果花生，糖商破产，贸易停顿。到了近代，国内蔗糖的生产成本居高不下，以至于潮汕大地的制糖业从极度兴盛跌落到零点。

虽说万顷蔗田和糖厂林立的景象早就看不见了，但潮汕生活被蔗糖腌渍了上百年，处处都是La dolce vita（意大利语，意为"甜蜜生活"）。潮州牌坊街上卖鸭母捻也卖提拉米苏，卖甘草水果也卖奶茶。2019年年底，大名鼎鼎的揭阳糖厂旧址上的烟囱呼啦啦倒下，新的高档住宅小区和商业广场将在这片土地上建起，以一种甜蜜代替了另一种甜蜜。

祈福

正如其他饱受天气肆虐的地区一样，各路神明在潮汕传统生活中承担重要角色，像汕头小公园的"老妈宫"就有专门祭拜求保佑出海打鱼的人平安归来的妈祖像。"老妈宫"香火兴旺，周边也有许多甜食小吃，比如"老妈宫粽球"。潮州的开元寺也是香火鼎盛，以开元寺为中心辐射出去的潮州老街上随处可见制作和贩卖供品的饼店。潮州甜食有四大种类——糖、饼、糕、粿，荤素皆有。根据民间习俗，给佛祖和菩萨上供需要素的甜食，而给其他各路神明的供品则荤素不拘，有些只要荤食。无论如何，作为好意头的象征，"甜"总是其第一要义。

譬如农历八月中秋节，潮汕农村家家户户便摆上满满的一桌供品拜月娘。一些种甘蔗的人家，会到蔗园砍两根长势好的甘蔗，分别绑在桌子正面两边桌脚，把甘蔗的蔗梢绑在一起，形成一个拱门。人们认为，用甘蔗祭拜月娘，日子会越过越甜。

老潮兴是汕头一个粿店老字号。红桃粿是一种古老的潮汕粿点，它有着漂亮的粉红色和灵巧的外形。它通常是一种咸粿，然而到了七月初七，潮汕人就要为家里满15岁的孩子举行名为"出花园"的成人礼，为了这个成人礼，要专门订甜馅的红桃粿作为奉献给"花公和花母"的供品。早餐必有甜品一道，加上其他菜品，送孩子"出花园"，意味着孩子不再是终日在花园里游玩戏耍的孩童，从此便走上成人世界。

孩子入学拜孔子也要用一种叫糖葱的甜食。糖葱技艺有点像拉面，把熬好的糖浆千百次折叠拉伸，让每一根糖都包裹上空气，形成16个气孔，雪白酥脆的糖葱就做好了。这个技艺如今也濒临失传了，不知道如今上网课的孩子，又将用什么供品祭拜哪位神明？

祝愿

习俗和技艺都会随着时间褪色，有些和日常生活息息相关的习惯却会一路流传下来。直到如今，潮汕人在重要宴席上依旧保持着以甜点开始、以甜点结束的传统，寓意"从头甜到尾"。

潮菜研究会会长张新民老师主理的高端潮菜食府"煮海"也沿袭了这个传统。和张新民老师吃饭的那晚以一道姜薯柑饼甜汤结尾，姜薯是潮汕本地一种类似淮山的块茎，柑饼则是潮汕甜食的传统代表之一。柑饼是用潮汕当地一种叫蕉柑的水果制成的，在高峰期，潮汕出产的潮州柑占全国柑橘产量的十分之一。靠山吃山，靠海吃海，靠甘蔗地吃糖，糖渍成为一种重要的保鲜手段。按潮汕的传统做法，一担蕉柑要用半担白糖来腌，真是甜到颤抖。如今，煮海的这道柑饼汤无非放了两片薄片，吃一口柑橘清香而已。

最经典的当然是"糕烧"和"反沙"这两种传统潮式甜食的烹饪技法。糕烧多用芋头、番薯、姜薯这类块茎；要把切块的食材先用糖腌渍5小时以上，待食材腌出水，口感变得略带柔韧，再用原汤加糖烧制。

反沙则多用芋头，做法和北方的拔丝类似，最大的不同是拔丝菜式在熬糖的时候要加油，而做反沙菜式只须要用水熬糖，把糖熬成糖浆之后再把炸过的芋头放入其中，迅速冷却翻炒，让糖霜挂在芋头上。功夫好的师傅挂出来的糖霜雪白均匀，火候若是不对，糖霜发黄发黑或者凹凸不均，师傅的手艺就算不上及格。

反沙芋头、糕烧芋薯、芋泥白果都是传统甜食，尤为独特的地方是在煮海餐厅还能看到这些甜食上覆盖着一层薄薄的透明的食材，像魔芋？像芦荟？像果冻？只有潮汕人才能一眼看出：啊，是冰肉！这种做法繁复的冰肉是很多潮汕孩子小时候的至爱，同时也是另一些小孩子的童年噩梦——用糖把肥肉腌制5小时以上，再把它放在糖浆里煮，肥肉就会呈现冰爽透明的形态，口感真的有点像芦荟片，软中带爽，硬中有脆，只不过一口下去就是满嘴油脂的丰腴和蔗糖的甜。

甜是潮汕独有的一种祝福形式。把一口甜食送到对方嘴里，就是把一个美好的祝愿送了出去，除了在宴席上要从头甜到尾，甜在潮汕生活中的幸福指向随处可见。过年的时候，潮州一些地方还有钻蔗巷的传统，当游神队伍经过，人们要排在街道两边，举起带着头尾的甘蔗，让游神队伍穿过。有男丁的家庭要在甘蔗下结灯笼，一丁一灯。到了大年初一，出嫁女的兄弟就要挑着糖饼、大橘、数十节甘蔗陪出嫁女到婆家送礼，暗示自家女儿嫁人以后生活节节高、节节甜。

嘉奖

有科学研究表明，人类到现在之所以嗜甜嗜油不是口味使然，而是生物进化在身上留下的痕迹。糖和油，这种能量炸弹在进化过程中几乎就意味着游戏里的补血包，有了能量生命才能延续下去，所以生命的本能就是在追逐这种高能量的食品，并且在看到它的时候身体就会释放多巴胺，让人产生快乐的感觉。

可以想象，在过去那个生活简朴、物质不丰富的年代，高糖食品对人的抚慰作用是极大的，它为身体和情绪带来的双重满足感几乎接近于幸福本身。把一口甜送进自己嘴里，是对自己的安慰和嘉奖，也是潮汕人处处用心生活的明证。发源于潮汕的甘草水果在广州、深圳一带盛极一时。如今街上的甘草水果所用的材料都是好水果了，对潮汕以外的人而言，无非是一种风味。然而最早的时候，用甘草水腌渍水果是为了把难以入口的水果处理成美味。最经典的当然是味道酸涩的油甘子和乌梨。把这些山间野果用水煮去涩味，放在石钵中滚去粗糙外皮，再用甘草水和糖腌渍入味。这是在变废为宝，也是给粗糙生活的鬓边插上一朵海棠红。

早几年，走在潮汕老城的牌坊街和汕头小公园一带的旧城里，这类由糖变化而来的小确幸随处可见。它们在潮汕人的生活里是以零食和糕点的形式出现的，是当地人的小点心，也是游客的伴手礼。仙城束砂、达濠米润、海门糕仔、贵屿胜饼、田心豆贡、靖海豆辑、龙湖酥糖、隆江绿豆饼、棉湖糖狮、和平葱饼、黄岗宝斗饼、苏南薄饼、隆都柑饼、潮安老香橼、棉湖瓜丁、饶平山枣糕、庵埠五味姜、桥柱柚皮糖，还有胜糕、乌豆沙与乌芝麻糕、绿豆糕、云片糕、粳米糕、面饼、腐乳饼、软糕、书册糕、白糖糕仔和豆米斋碗……无一不甜。

在奉行低糖主义的现代生活里，高糖就是原罪。那块纯油脂加纯糖的冰肉几乎相当于一枚卡路里核弹，现在已经很少出现在饭桌上了。对好些北方人而言，光是听到"甜的肥肉"这四个字就开始浑身不自在，就像南方人听到"咸豆浆"就开始反胃一样。然而味觉记忆就是地方记忆，甚至是情感印记，正因为有这些不同，所谓"故乡"才有意义。潮汕年轻人平时都在吃软欧包和奶茶了，但即便这样，也还是有人担心万一在所谓健康饮食风潮之下，朥饼消失了可怎么办？这种以高糖、浓厚猪油和乌豆沙做馅儿的点心，几乎是所有潮汕人的味蕾锚点，哪怕一年只吃一口，吃到就是回家。

我是理解这种味蕾锚点的人，也是致力于寻找这种锚点的人。在林贞标的理解里，潮汕人要的"甜"早就不是那种轰炸式的甜了，人们要的只是一点甜意，一点关于甜的线索，它可以更缥缈也更柔韧，让"潮汕味"经久不散，却不至于像一记重拳，把人的味觉体验连带身体健康整体击倒。所以林贞标所设计的一席菜品里纵然也是头尾甜，却是一种不一样的甜。他把豆腐两面香煎，嵌入烤香的松仁，撒玫瑰花瓣和白糖。你能迅速地从"豆香+甜"的线索里找到汕头广场上那家古老的广场豆花的影子：那家广场豆花用非常硬的老豆花，呼应着林贞标的嫩豆腐。广场豆花上撒了足有半厘米厚的白糖，而到了这里，白糖只撒了薄薄一层。心思在于玫瑰花香带来的更多"甜意"，而不是扎实的甜味，松仁又增加了味觉的复杂性。这是潮汕"甜"的新版本。

莲子花胶甜汤也是传统潮菜甜品。花胶是海产味觉记忆就是地方记忆，甚至是情感印记，正因为有这些不同，所谓『故乡』才有意义。

品，腥和甜碰到一起，一不小心就极腻。除了去腥降甜以外，林贞标的小心思是在花胶泡发的程度上做了调整。这里遇到的花胶吃起来再也不是软糯黏腻的口感，而是柔韧爽口有嚼劲，荤菜出现了素食材的口感，配合这道甜食整体降低的出品温度，消解了这个传统甜食会带来的饱胀感和嘴里的"腻"，更符合现代生活需求。

芋泥在潮汕甜品里属于百搭选手，用它搭白果就是寻常家宴，搭燕窝就是重要宴席。林贞标把芋泥调得极稀，甚至刻意保持了它的颗粒感，不用猪油和糖压住芋头的质地和本身的清香，让它跟冰清玉洁的燕窝更相称。精彩之处是加入了橄榄作为点睛，橄榄是重要的潮汕元素，有了它，潮味就迸发出来了。

潮汕文化根系深厚而广阔，从红头船起航的年代开始就善于向八方吸纳营养用以锚定自身。无论是过去的重油重甜，还是今日的轻油轻甜，真正的潮汕味道从来都不是一成不变的，它的内核是一种精工细作的方式，来自日常的潮汕生活的同时反哺潮汕生活，这种交互使得潮汕味道拥有丰富的生命力，而潮汕人就站在这种以甜蜜期待为底色的生命力里，去追寻美好的生活，去创造甜蜜幸福的人生，这也就是我们共同的中国梦吧。

潮汕阿嫲们的美食DIY——粿

　　如果要谈到潮汕地区的美食根源，我相信潮汕美食的根就在广大的家庭主妇们身上。特别在潮汕的广大乡镇间，有着无处不在的美食痕迹，因潮汕各地食物的多样化和烹煮方式的复杂化，注定了味型的多变。一村一味，甚至是一家一味，这个特点在潮汕的各种粿品中表现得淋漓尽致。潮汕粿品的种类和味型的多样化是无与伦比的，鼠曲粿、红桃粿、无米粿、甜粿、栀粿、朴仔粿、菜头粿、酵粿、马铃薯粿、乒乓粿、鲎粿、潮汕粉粿、芋粿、墨斗蛋粿等琳琅满目。

　　改革开放以前，人们为生活物质条件所局限，一个家庭的生活质量很大一部分就集中在家庭主妇身上。而最能体现家庭主妇的烹饪技艺的菜品就是逢年过节家里的各种粿。因那时村里的习俗就是谁家有红白喜事，便要做粿分给亲邻。那么家中主妇做来分给亲邻的粿品相如何？好不好吃？味道如何？这都和一个家庭的面子有关。所以许多家庭主妇在物质十分有限的情况下，为了做好一个粿使尽了浑身解数，因此潮汕人还把那些表面很会做人的人称为"做雅粿"。不过也因此造就了潮汕地区的美食之根源源不断，要不您看我来列举几种粿的来源和做法，最有历史感的粿应该算是潮阳的"鲨粿"。

因为用鲨这种奇丑无比的生物为名，鲨粿本身就具备奇特性。但我相信鲨粿的原产地应该是潮阳，由于旧时的潮阳县城有达濠、海门两个重要渔港，且那时又盛产鲨这种奇怪的生物，在当时食物比较匮乏的年代也只能物尽其用了。鲨虽然没什么肉，但多汁、有少许膏黄、鲜、甜、腥是它的特点。所以渔民把它做成酱，用来淋在一些没什么味道的食物上，其味也是美妙非常。

鲨粿本来是用米浆或薯粉类的东西做成后淋上鲨的汁，但近年鲨的数量大大减少，也变成了保护动物，所以如今做鲨粿都用沙茶酱代替。但是很多文人墨客为了讲点故事，就会引经据典地为一个小吃讲许多历史典故。我讲不来，我理解的是人类的吃喝因时因地因环境条件而定，许多故事虽然看起来可笑，但增添一点生活乐趣也未尝不可。最重要的是我真觉得鲨粿还是潮阳的几家老店做得好吃。

郑锦辉

老潮兴粿品的掌门人,一个不会"做雅粿"的做粿大师。

郑锦辉将一家小作坊做到走向现代化的食品企业,其在传统工艺和传承上做了不懈的努力。为了更好地传播潮汕传统美食文化,他也不遗余力地做了大量工作。他在小公园选址开设了老潮兴粿品体验店,以满足海内外游客寻味之情。他更是配合央视二套、央视四套以及广东卫视等的节目对潮汕传统美食的拍摄,间接带动了整个潮汕传统饮食文化的传播和发展。

朴子粿

朴子粿是清明节前后用朴子树长出的嫩叶和粳米碾磨成粉浆、入模蒸熟的米制糕点。蒸好的朴子粿色泽青绿光亮，味道清、甘、甜，有朴子叶的香味。它具有宽中理气、排解积热的功效。

085

主要材料：粳米、朴子嫩叶、白砂糖、生粉、发酵粉、水

制作方法：

（1）先将米浸泡4小时，洗净。

（2）把采摘好的朴子叶洗净、晾干、切碎。

（3）把米和朴子叶混合，用石磨或磨浆机将混合物碾磨成粉浆。

（4）在磨好的米浆里加入生粉、白糖、发酵粉，充分搅拌即成粿浆，再静置15分钟。

（5）把水煮开，放上蒸笼，摆上桃形或圆形模具，准备装浆。

（6）把静置的粿浆再次搅拌并倒进摆好的模具里，上蒸笼蒸30分钟，即熟。

韭菜粿

韭菜粿为潮汕地区的名小吃，一年四季都可做。成品可炸、可蒸，各有特色，吃时用辣椒酱做佐料，爽口！

主要材料：地瓜粉、水磨粘米粉、生粉、韭菜、油、盐、味精、胡椒粉

Tips：地瓜粉和粘米粉的比例为2：1；粉和水的比例为1：2；生粉为调制料，可适量。

制作方法：

（1）制皮：将地瓜粉、粘米粉混合，加入适量的水使其溶化，并充分搅拌均匀，然后倒入刚煮开的水，并充分搅拌至其凝固，呈半透明状，静置15分钟。再加入适量生粉搅拌，调制其可塑性至合适，即成皮料。

（2）制馅：将韭菜洗净，去除杂质，晾干。把晾干的韭菜切成长0.5厘米的小段，加入油、盐、味精、胡椒粉等调料，充分搅拌，即成馅料。

（3）成形：取一小块皮料（约30克），用手捏成小碗形状，再取等量馅料填入，轻收碗口，包成半圆形，收口朝下，放蒸笼上锅，水开后蒸10分钟即可。

地道汕头，地道风味

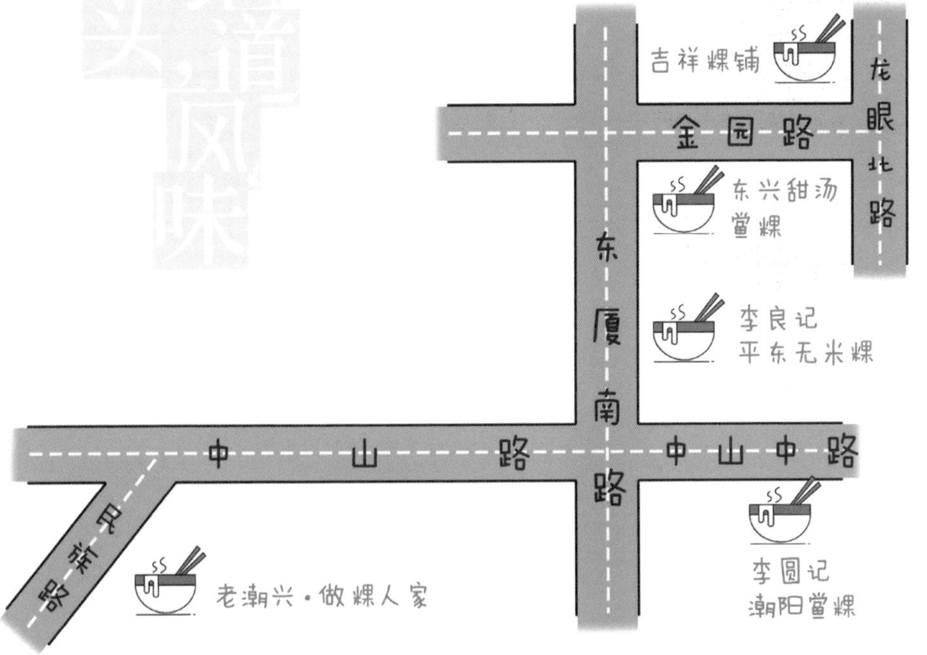

吉祥粿铺
龙眼北路
金园路
东兴甜汤
粿
东厦南路
李良记
平东无米粿
中山路
中山中路
老潮兴·做粿人家
李圆记
潮阳粿

无米粿吃了莫骗人

无米粿，即潮汕韭菜粿，用薯粉加热水揉压做粿皮，用切好的青韭菜做馅，其外形晶莹剔透，青韭菜馅翠绿点点。孩提时，物资匮乏，韭菜粿是小孩子的佳肴美点，现在想起来还津液四溢。

孩提时候，每逢下午四时左右，便有一个眼睛有点斜视的老者推着贩卖韭菜粿的小推车，带着孙子，一路吆喝："韭菜粿——"小推车每停一处，红彤彤的炭炉被鼓风机扇得火舌四射，潮汕烙粿专用的平底铁锅上猪油煎烙的韭菜粿焦香金黄，发着"吱吱"的声响，让围观的孩子们垂涎欲滴。吃韭菜粿要趁热，蘸上红红辣辣的辣椒酱，让人上瘾。入口即化的韭菜那绵软的口感和"咔吱"响的焦脆的外皮搭配得恰到好处，外焦里嫩，两种口感相互融合，这简直是童年最美好的美食记忆了。

为了吃上一口美味的韭菜粿，童年的我们也没少撒谎。因此，就有了"无米粿吃了莫骗人"之说。记得读书时，下课后我们会被楼下韭菜粿商贩的吆喝声吸引去，美美地啖上几个焦香金黄的韭菜粿，自然误了下一节课的上课时间。老师批评时，往往会撒个谎，什么肚子疼上厕所了，遇到生人问路带路去了，等等，但是说谎张口时露出的前牙上斑斑点点的韭菜叶却告诉了老师实情，如今想起来真是若要人不知除非己莫为了。

如今汕头的街头巷尾已难觅卖韭菜粿的小摊贩，但卖韭菜粿小贩们的吆喝声每每萦绕在脑海中，烙刻在旧时光的记忆就会被唤起。如今在汕头若要寻味韭菜粿，就要去一些潮菜酒楼，但真正地道的还是街边老店，在市区长平路的平东一街，有一家经营了几十年的老档，可前往一试。

鼠粬粿，充分体现了潮汕人民的食疗智慧

在潮汕的粿类中，鼠粬粿的知名度是很高的，我想它的出名并不是因为它的馅料有多好或多丰富，而是因为草药鼠粬草。鼠粬草乃潮汕地区的多生植物，繁殖能力很强，但因各地方言不同所以它的名字就多了起来。鼠粬草植物正名应是鼠麹草，又名佛耳草、鼠耳草、田艾、清明菜和菠菠草，为菊科鼠麹草属植物。鼠麹草茎、叶入药，为镇咳、祛痰、治气喘和支气管炎及非传染性溃疡、创伤之寻常用药，内服还有降血压的疗效。最重要的是此草消食，因做鼠粬粿用的是糯米粉，黏稠难消化，所以鼠粬草恰好是绝佳的解腻消滞之物了。

我对鼠粬粿的感情是非常深的。童年家穷，看到吃的便两眼放光芒。我们老家的习俗是过年的时候，家家户户做鼠粬粿。做鼠粬粿对一个家庭主妇来说是一件重要的事情，须要提前半个多月就准备馅料。我们那里用的馅料跟现在用的不一样，是要用爆米花、冬瓜糖、黑芝麻和花生米一起舂碎压在一个缸里，发酵十天半个月。所以从母亲开始准备爆米花的时候我就是欢呼雀跃的，因为从制作完爆米花开始就可以偷吃直到馅料入缸封存。我每天都惦记着，趁大人不注意就用一根小竹子往里一插带出一点来偷吃，有次偷吃忘了擦嘴，被母亲打了一顿，所以后来就明白潮汕俗话"偷吃要记得擦嘴"的故事了。

鼠麴草植物正名应是鼠麹草，又名佛耳草、鼠耳草、田艾、清明菜和菠菠草，为菊科鼠麹草属植物。

但是现在的鼠粬粿有现在的精彩，摘录《"粤菜师傅"工程培训教材》里面的制作方法如下：

烹调方法：蒸（炊）法

原材料：

（1）皮料：糯米粉500克、鼠粬草75克、番薯（净）250克、白砂糖100克、花生油50克、清水250克

（2）馅料：绿豆沙馅1800克

工艺流程：

（1）鼠粬草同清水一起煮滚，熬至鼠粬草烂。趁鼠粬草热时，加入糯米粉，用木槌搅拌，加入白砂糖，用木槌再搅拌均匀。番薯用刀切成薄片，放进蒸笼蒸熟，趁热用刀在砧板上压烂，后加入已搅拌好的鼠粬糯米粉团中，一起搓揉，淋上花生油揉至均匀，便成鼠粬粿皮。

（2）鼠粬粿皮分成40份，绿豆沙馅也分成40份，每份粿皮用糯米粉垫手，用手将皮压成薄圆形，包上一份绿豆沙馅，先做成椭圆状，但两端要一大一小。然后用桃粿印模做成桃粿状，分别放在已扫上花生油的有孔不锈钢蒸盘上，放入蒸笼中火蒸5分钟即熟。

（3）食用时，将不粘平面鼎洗净，放少量花生油，用中慢火煎至两面金黄色即可。

风味特点：造型美观，鲜爽湿润

技术关键：

（1）鼠粬草要彻底洗净，不要有泥沙残留。

（2）煮鼠粬草时加入苏打有助判断其是否已熟烂。

（3）蒸制时不可时间过长，否则影响粿的造型。

一个红桃粿寄托着潮汕妈妈们平安幸福的无限期望

　　潮汕的红桃粿，我们老家称为"红釉桃粿"，自我懂事起关于食物的记忆中，红桃粿是一个很重要的食物。只有逢年过节或是乡间有重要的乡俗祭拜时才能看到大人们开始张罗做红桃粿。

　　以前左邻右舍家家做粿，但一个粿体现着这一家人的生活状态与生活条件。因做红桃粿粿皮的用料大家都是一致的，都是粘米粉或加薯粉、加红釉一起和的皮。但馅料就大有乾坤了，最简单的可用地瓜或马铃薯切粒过水加点肉末、沙茶酱、葱，一块炒好便成；也有用糯米加上肉丁、香腐、虾米、香菇等，馅料包罗万象，视家庭经济条件而定。

　　我没太多文化，说不了许多故事，但从一个地方的饮食和生存条件来说，我相信，红桃粿成为潮汕人家的重要食物有两大原因：第一为充饥之用，因在物资匮乏的年代，各方面条件有限，保存食物也是一项大工程，很多材料一下子就坏掉，把生的食材加工成熟也是一种保存的方法，粿无疑就是其中一种。粿做完以后如果是自然风干存放，可以放半个月左右。第二就是家庭主妇的期盼与精神的寄

托。古时潮汕地区多江海，人们多以讨海为生。靠天吃饭，生活中都有太多的不确定性，所以以前的人便容易在对未来的担忧中将精神寄托在某种神上，因此潮汕人把很多重要的食物先拿来敬神后再吃。所以，我认为红桃粿最大的功能就是既可寄托美好的愿望又可以随身携带远游充饥。这应该也是劳动人民的劳动智慧吧。

潮汕生猛，无鲜不破

许多外地人来汕头找吃的，第一关心的可能是吃什么，第二关心的才是怎么吃。对大多数人而言，一说到汕头就会想到海鲜。

其实在汕头不仅有海鲜，还有河鲜，只是海鲜的数量和品种要比河鲜多得多。为什么大多数人都把汕头当成一个吃海鲜的圣地呢？这里面有它地理位置的关键性。

从地理上看，汕头是北回归线穿越之地，属于亚热带季风气候，所以终年海货不断。而且，汕头是整个潮汕地区的出海口，是潮汕三江汇聚的出口。位于汕头西边的牛田洋滩涂，属于湿地保护区，所以这个地方的海产品特别丰富、肥美。从海往三江溯源，韩江、榕江、练江这三条江里的河鲜也特别丰富，数也数不清。

所以很多外地朋友到汕头吃海鲜，海鲜品种的问题倒是可以忽略，最重要的还是吃法。经常有外地朋友问我："标哥，什么样的做法才是正宗的汕头海

鲜做法呢？"其实在吃这个话题上，我一般很不愿意去聊什么正宗不正宗的话。因为我觉得饮食的习惯与学问是流动的历史，永远是随着人们的生活条件而变化的，不会是一成不变的。但是每个地方都有其独特的味觉记忆。比如海鲜烹饪方法中有一种煮法是真正代表汕头的，那就是半煎煮，也就是把海货类用少量的油先煎到金黄，然后再煮，配料主要有以下几种选择：辣椒、姜丝、蒜片、豆酱、酱油水。这样的做法有点类似江浙一带沿海的家烧做法。

其实无论什么地方都一样，在吃这件事情上没有谁比谁聪明，有的只是物产和习惯的关系，所以在汕头不管是大酒楼、小摊档，或者是家庭主妇，半煎煮是整个汕头对海鲜的一种全民演绎方式。

鱼饭也是过去在物质条件限制之下的产物，所以菜品的出现、做法和吃法都有它的偶然性。但您来到汕头吃海鲜肯定是有必然性的，至于怎么吃的，请听我慢慢道来。

高庭源

　　现任汕头市龙湖宾馆行政总厨的高庭源师傅，虽获得了无数荣誉，仍具宽广的胸怀与非凡的气度，为人温文尔雅，对厨艺则是严谨认真。他不但对传统菜的工艺不断挖掘和复原，还加入了许多创新的理念。而且，他花了许多时间追溯每一道传统菜品的起源与来历，记录菜品的故事。

龙穿虎肚（也称『烧乌耳鳗』）

按美食雅称，乌耳鳗称『龙』，猪称『虎』，故名『龙穿虎肚』或『龙入虎腹』。将去骨的乌耳鳗肉摊开卷上火腿丝、香菇丝、肥肉丝，成条状套进猪肠里，用水草两头扎紧后慢火焗至熟烂入味，吃时才炸脆上桌。烹饪起来很费功夫，要求上桌时鳗鱼仍不散碎，鱼肉层次分明。这道菜不但名字惊艳，吃过的人更赞不绝口。

烹调方法：炸

原材料：猪直肠1条约300克、乌耳鳗1条约400克，火腿丝、香菇丝、肥肉丝、蛋白、桂皮、八角、甘草各少许，姜、葱、酱油、味精、胡椒粉、麻油、绍酒、淀粉各适量。

工艺流程：

（1）先将乌耳鳗整条去骨、去头尾及内脏，洗净，分成2段，在乌耳鳗的腩部用刀片切开。猪肠整条冲洗干净，切分2段待用。

（2）火腿丝、香菇丝、肥肉丝等料用碗盛起，加入蛋白、味精，拌匀候用。

（3）把乌耳鳗摊开卷上火腿丝、香菇丝、肥肉丝成条状套进猪肠里，用水草将猪肠头尾扎实。

（4）用少许酱油擦抹在猪肠表面，放进油锅内炸至呈浅金黄色时捞起，放在陶罐内，加入适量汤、桂皮、八角、甘草、姜葱、酱油、绍酒，慢火焗至熟烂入味。

（5）取出大肠，拆去水草，大肠涂抹些湿淀粉，起锅下油把大肠炸香，捞起切件摆盘，将原汁打芡加入麻油、胡椒粉淋上即成。

风味特点：肉嫩外酥，浓香入味。

鱼露焗大虾

高师傅的这道菜充分体现了潮汕风味特色。鱼露在潮汕话里为『初汤』，『初』即腥，也可以理解为腥汤。本来海虾也是腥鲜之物，用腥汤来焗腥鲜的海虾，『腥腥相加』的制法上更加突出了一个『鲜』字，这道菜充分体现了潮汕人靠海吃海的饮食文化特色。

烹调方法：炒

原材料：大草虾10只（约600克）、鱼露20克、蒜头50克、芹菜段20克、红香椒5克、味精5克、淀粉适量

工艺流程：

（1）用剪刀将虾眼前部、须剪掉，再用刀从虾背片开挑去虾肠，洗净。每只虾拍上干淀粉候用。

（2）起锅下油烧至油热，放入大虾炸至六成熟，用笊篱沥去油，再放油将蒜头炸透至金黄色，沥去油候用。

（3）炒鼎放回炉上，加入油再放入炸好的大虾和蒜头，加入清水、鱼露、芹菜段、红香椒丝、淀粉水，焗至芡汁收浓，摆盘便成。

风味特点：味道鲜美，具有潮汕地方风味特色。

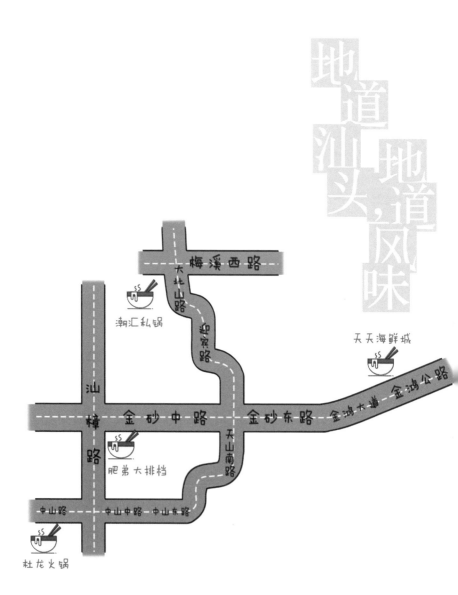

地道汕头，地道风味

梅溪西路

天山北路

潮汇私锅

路源华

天天海鲜城

金鸿大道 金鸿公路

汕樟路

金砂中路 金砂东路

肥弟大排档

天山南路

中山路 中山中路 中山东路

杜龙火锅

生猛海鲜的生猛吃法

螳螂虾，潮汕人叫"虾蛄"，即皮皮虾。我窃想，如若有日沧海桑田，海枯石烂，大海变成了陆地，这尤物定是称霸山野田间的螳螂，张牙舞爪，施展着捕蝉的绝活。

生活于南海之滨的潮汕人，素来喜欢生吃盐渍或酱油腌制的螳螂虾。盐渍或酱油腌制螳螂虾时，加入蒜头片、辣椒等，生吃时剥壳并佐以辣椒、白醋。螳螂虾鲜香爽口，特别是膏肥籽满的螳螂虾，那美味更是令人咂嘴喊爽！

生吃螳螂虾会令人上瘾。记得我在西藏，吃着不习惯的糌粑等食品时，总遐想着有一小盘家乡潮汕那盐渍或酱油腌制的螳螂虾，再配一碗香稠的白粥，这就是令人垂涎欲滴的神仙美味啦！至于张牙舞爪的螃蟹，潮汕人也是这样生吃的。第一个生吃螃蟹的人应该是潮汕人！

外地人来潮汕，那是万万不敢轻易邀请他们生吃螳螂虾和螃蟹的，这点教训深刻。有一次，我的一位北京朋友莅汕做客，这位仁兄人称"大胆"，

105

竟然不听我的劝阻，生吃腌制的螳螂虾，结果第二
天狂闹肚子，做客旅游不成，我到医院陪他住院一
晚。然而住惯潮汕的外地人对生吃螳螂虾也与潮汕
人一样有着深深的情结，一见生腌螳螂虾，立马垂
涎，"飞流直下三千尺"。此物在潮汕大街小巷的
白粥档上都能吃到，多加点辣椒醋（辣椒与醋调配
而成），味道更是让人叫绝。

螃蟹也是汕头餐桌上的常见食物，清蒸、油焗、盐渍或酱油腌制等的螃蟹都深受潮人喜爱，所以在潮汕就有了无蟹不成宴的饮食现象。作为潮汕人，我也爱蟹，并从小就与之结下了不解之缘。且听我与螃蟹那点趣事。

螃蟹，自幼是我又爱又恨之物。小时家贫，六岁即跟父亲前往距家约十千米以外的荒芜海滩——牛田洋，守海堤兼开荒、种养，终年不见人，常于餐时盘中无物。然大自然物产丰富，只是那时人的观念陈旧与捕捞工具落后，只能眼看美味而饿着肚子。那时牛田洋最丰富的水产为螃蟹与蚝，因其地处三江汇聚之出海口，大量微生物养肥了这横行之物，偶有大人捕杀煮成蟹粥，吃之美味矣。我也常下海摸蟹，每有所获，却血泪斑斑。因摸到的多是螃蟹的大脚，手指让大蟹脚钳住，蟹身却不见踪影，只有回家吃着螃蟹大脚，看着血淋淋的手指哭鼻子。让我最怕的是十岁那年有次抓到一只母蟹，把它放入裤子口袋里，它冷不防咬住我的大腿内侧不放，所以我既恨又爱地花了很多年去研究各种烹饪方法吃它。

因为烹饪方法的不同，吃螃蟹的方法也是多种多

样的，市面上常见的有清蒸蟹、油焗蟹、豆酱焗蟹、姜葱炒蟹、咖喱焗蟹种种。经多年试吃，我最满意的两种吃法为清香原味与酱香浓味。

先说酱香浓味吃法。把蟹清洗干净，斩件，特别要强调的是螃蟹清洗是真功夫，如果蟹没有清洗干净，再多再好的调料都没用。螃蟹处理好，用半斤五花肉切片，平铺砂锅中，蒜米20粒，干炒至金黄，放在五花肉上，然后将豆酱粒研成泥，加少许白糖兑半匙肉汤，加少许鱼露，然后把斩好备用的蟹每块蘸一下调好的豆酱汁，把蟹平铺在蒜米上，然后盖上盖子，大火烧开改小火，10—15分钟可上菜。此菜特点是肉香、蟹香、豆香融合在一起，五花肉、蒜米的熟化也恰到好处，不失为下饭的"神品"。

而清香原味吃法为上上之选。做法为整只蟹先用冰水泡晕，洗干净，用大锅放深水，蟹冷水下锅，文火细煮候水温至75摄氏度到80摄氏度，俗称"蟹目水"时，关火，将蟹捞起，放入另一锅中，加入两大匙肉汤、两匙水，加盖大火烧10分钟左右，视蟹大小而增减时间。这样烧出的蟹色泽诱人，鲜红干净，原味尽现，与干白为绝配之品。

过山鲫这尤物

　　过山鲫（学名"攀鲈"）或是潮汕特有的一种鱼种，它生活于田间沟渠、塘池溪流，身披一层坚硬的鱼鳞，还具备长时间离水不死的"特异功能"，生命力之旺盛顽强在鱼类中可谓首屈一指。

　　过山鲫有着一种独特的本领，它凭借身体坚硬的鱼鳞和背鳍在泥层中翻滚，挖掘洞穴蛰居，可想而知，此尤物的肉质是何等紧实且富于弹性。食用过山鲫，主要享用其稠润鲜美的肉质，但刮其硬鳞的工序实是艰难，双手应该借助手套防止割伤。

　　由于特别的生存环境，有的过山鲫有一股较为浓烈的泥土腥味，食用前可以将过山鲫养在清水中活游一天，让其吐去泥土。

　　潮汕地区烹调过山鲫的传统方法是：用些许肥猪肉热锅，炸出猪油后，放入割好的过山鲫、潮汕酸咸菜、辣椒丝、姜片、酱油，加水炖煮20分钟即可出锅，最好是晾凉结冻后吃，香、酸、辣、胶，十全十美！我称其为"鱼中玫瑰"。

过山鲫香、酸、辣、胶，十全十美！我称其为『鱼中玫瑰』。

最撩动灵魂深处的粤味——夜宵

　　关于夜宵，经常有外地的朋友问我："标哥，你们广东人怎么那么爱吃夜宵？尤其潮汕地区更是夜宵的天堂。"

　　我经常和朋友们说吃喝的习惯，其实是有地理环境决定的因素，并不是喜不喜欢的关系。广东人爱吃夜宵有个最重要的因素，那就是天气原因——"热"。广东尤其是潮汕，常年气温都保持在22摄氏度至28摄氏度，最冷不低于10摄氏度，所以气候决定了夜生活的方式。

　　在潮汕，大家白天都忙于工作，一整年大部分时间白天气温比较高，夜晚开始，海风吹拂，气候特别宜人。这时候白天紧张工作的人们完全放松了自己，这时也才能真正享受到生活的乐趣。特别年轻人基本都把生活的重点放到了夜里，唱歌跳舞、喝茶会友，各种社交活动都在夜里热烈开展。各种活动结束后的环节就是吃夜宵，特别在潮汕经常会听到一句话——"食碗糜再回去睡"，所以归家前的最后一道环节就是吃碗粥，这是一个地方的生活方式和习惯。

这里重点要谈的是汕头的夜宵。汕头夜宵品类之多、丰富程度之广，在全国来说都是首屈一指的。除了白糜，粥类中从最普通的草鱼粥到各种海鲜粥、鳝鱼粥，还有鸭肉粥、鸡肉粥、猪杂粥等种种有加料的粥类，汕头人统称"香粥"。还有砂锅粥，砂锅粥大多是从普宁、揭阳传入汕头的。

还有猪的文化夜宵，猪肚汤、猪杂汤，以及专营的"肾子汤（猪腰汤）"。各种粿条汤面、饺子、肠粉、鱼肠米粉汤、尖米圆、豆浆油条、鲜羊奶煮蛋，以上这些都算夜宵里的小点。汕头的夜宵还有大餐型的，像老市区福合埕那里的海鲜大排档，各种生猛海鲜应有尽有。牛肉火锅、深海大鱼火锅和各种禽类火锅，琳琅满目。还有烧烤，汕头的烧烤原来只是低消费的地摊，现在也变成了"高大上"的夜宵店，最贵的烧烤店人均可以吃到三四百块钱。

不过汕头的夜宵近年也发生了一些变化，自"创文"之后路边摊少了许多，但也向集中化转变，所以到汕头想吃夜宵的朋友可以参考本书后面的汕头美食游攻略。

吴镇城

国家中式高级烹调师，2019年被评为"汕头市第六批市级非物质文化遗产项目代表性传承人"。

吴镇城从小就喜欢捣鼓美食，对美食的态度就是苦心钻研，并将其当成一辈子的事业。经过10多年的努力，他将在小巷子里的小食档经营成家喻户晓的"富苑打冷"名店。他也开发了许多打冷名菜，例如被评为"广东名菜"的打冷品类就有三个：富苑鱼饭、富苑鳗鱼冻、富苑隆江猪脚。富苑的咸蛋卷还被评为"岭南名小吃"。这些年从央视到各个地方媒体对"富苑打冷"争相报道，"潮汕打冷"这张珍贵的美食名片在吴镇城的经营下更加"活色生香"了。

潮汕鱼饭

鱼饭的制作材料只有鱼，像常见的巴浪鱼、那哥鱼、红鱼、三黎鱼、姑鱼、鹦哥鱼、秋刀鱼……都可以制成鱼饭。一般在鱼饭的摊档可以买到。一个个小竹篮里，底部铺了一层薄薄的粗盐，里面有几十种鱼饭可以挑选，摊主特意将鱼尾放中间，鱼头在边沿，依次排开，摆得颇有美感。鱼饭有的洁白如玉，有的鱼鳞闪着金色的光，在潮汕人眼里，这就是最好的下粥小菜了。

鱼饭的做法也简单，将鱼洗净，不破膛、不去鳞、不去腮，直接装在小竹篓里，再放入大锅中用盐水煮熟，整篮取出，然后放在阴凉通风处自然风干。食时取出蘸酱油或普宁黄豆酱，不用重新加热，鱼饭的特色就是冷吃。

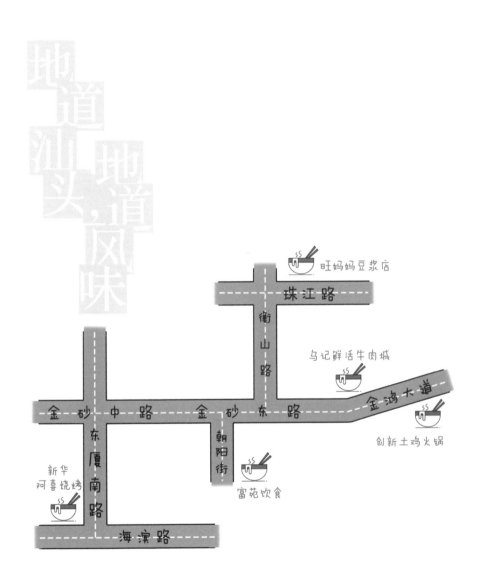

地道汕头，地道风味

旺妈妈豆浆店

珠江路

衡山路

乌记鲜活牛肉城

金砂中路   金砂东路   金鸿大道

东厦南路

朝阳街

创新土鸡火锅

新华
阿喜烧烤

富苑饮食

海滨路

夜，那巷，一碗白粥的盛宴

来到汕头觅食，除了耳熟能详的"老三样"——牛肉、卤水、海鲜以外，另一项不得不谈的就是汕头白糜。在一般人的印象中，白糜摊档是街边、价廉、卫生差、将就的代名词。然而它大众、方便，满足了全城的夜归人。近年有一个做白糜的人，他叫阿城，他有着典型潮汕草根男人的特性，传统、执着、勤劳、敢闯、敢拼，这个"敢拼"体现在他经营的白糜生意上。刚开始做白糜，阿城也跟其他白糜摊档一样，从最简单的菜式入手，用隆江猪脚加咸菜，作为他的主打菜式，但在经营过程中，他慢慢地尝试买入一些高品质的海货，给客人提供更多样化的选择。刚开始他的摊档并不出名，生意不稳定，经常下午买入的高端海鲜无人问津，他便在收档前都煮了与伙计分享。有人劝他冰冻后明天接着卖，他说："客人吃到不新鲜的食物还会来吗？"

所以他一直坚持找好的海货来充实他的夜糜摊，慢慢地在食客中就流传了起来：在金砂东路的闹市中，有一条陋巷，那里有一间全市最奢侈的夜糜摊，好吃，但贵。可是阿城不管人家如何评价，都继续着他一贯的工

作，每天下午必定亲自前往市场找最好的海货来经营，但阿城自己也不知，虽然他总是以卖白糜的小弟自居，但他其实已经把白糜经营上了"云端"。如果米其林有评白糜摊的话，我想三星非他莫属了。但出名了也有麻烦，因为生意太好了，那条街经常塞车，全国各地吃货纷至沓来，他的夜糜摊也成了游客来汕头探访美食的必到之处。出了名的阿城依然我行我素，按着他的规律，每天依旧自己采购，不显山不露水，也不张扬，只是在遇到刚认识的朋友时，人家问他："你卖白糜的摊档在哪里，有没有店名？"他才不好意思地说："我的白糜摊档叫'富苑饮食'。"

很多外地客人在夜幕降临时，来到"富苑"觅食，食后没有一人不发出惊叹声。这里人头攒动，座无虚席，几大锅热气腾腾的白糜，美味地翻滚着；那一排排琳琅满目的"打冷"，从高端鱼类到普通海鲜应有尽有；珍稀壳类、响螺、角螺、龙虾、鲍鱼，种种都能让你垂涎欲滴；卤水、青蔬、杂咸种种勾起了多少游子的思乡情！每次出差外地回汕，有朋友接机问去哪里吃夜宵，这还用问吗，肯定是去"富苑"找阿城了。

在澄海的中山南路上有一档鱼粥店，名叫"蔡懿光正品鱼粥"。

每当华灯初上，这里人头攒动，有一个身材袖珍的年轻人正挥舞着一把大勺，飞快地伸向身边一锅锅热气腾腾的肉汤，然后又伸向各种配料。案板上的海鲜品类应有尽有，这个年轻人像变魔术一样，一分钟内便煮好了一碗热气腾腾、让人垂涎欲滴的海鲜粥。

速度之快无与伦比，加上他的长相和路边弥漫的灯光，还有带着诱人香气的缭绕烟雾，乍一看以为是古龙笔下的西门吹雪。原来他只是一个凡夫俗子，他叫蔡懿光，我们就叫他阿光吧。不知道他出生时谁如此有文化帮他起了这么个名字，中间这个"懿"字，碰到我这个没文化的写了半天还写不全，所以以后介绍他就叫他阿光吧。

阿光卖鱼粥有家学渊源，从他父亲开始已经有四十几年历史了，最早期是以草鱼粥为主，一碗从三毛钱开始卖。阿光从小就在火炉边蹿来蹿去，也因此阿光成为煮鱼粥的快手，到了叛逆的青春期，阿

光就已经自立门户在街边摆档设点，卖起了鱼粥。这时的阿光年轻胆子大，他发现原来一直以草鱼为原料卖不起价格，所以他就决心往高端的海鲜粥发展。他瞄准了一个市场空白，过去社会经济条件还没发展起来时，人们的生活处处以物美价廉为主，但从21世纪开始经济生活飞速发展，人们的需求也发生了翻天覆地的变化。夜宵也可以是高大上的，只要够好便不怕贵，所以阿光便大胆地用上了各种鲜活的高端海鲜，用他自己的理论说："只要你给钱，我可以把整个海煮进碗里。"其实就是在炫耀他的海鲜品种够多。不过确实，有时我带内陆的朋友过来看一看，他们都会被阿光鱼粥店的海鲜种类之多震慑住。也因此，阿光鱼粥店的生意火爆，一发不可收。据他自己统计，最高峰时期一天能卖两千多碗粥。而且他们一家人都非常勤劳，前些年只做夜宵，这些年他的店却是24小时经营。白天他弟弟做，晚上他自己做，这么拼搏的一家子，生意很难不火起来呀！

这两年阿光鱼粥事业越做越大了，自前几年我带着央视二套的记者采访报道了阿光的鱼粥店以后，阿光也重视起品牌打造了，还准备把汕头的鱼粥开到外地去。我和阿光说："你千万要稳住，不能飘飘然，你很瘦，不小心会被风吹起来的。"阿光问我："该怎么办？"我说："多做贡献吧，我最近在写关于汕头美食的书，传播汕头饮食文化，你也做一点贡献吧。以后有读者持书前来，你送鱼粥一碗吧。"阿光也毫不犹豫地说："好，标哥，听你的，为了汕头饮食推广，我也应该尽一份力。"

所以我又为这本书的读者谋了一份大福利呀。

莲螺逸事

　　赤壳的莲螺，如今数量锐减，在市场上的价格远远高于与其较为相似的东风螺、花螺。小时候，我生活在海边，南海之滨的沙滩洁白无垠，是小伙伴们的天然乐园。南海海产的馈赠养育了我们，我们从小就学会了捕捉莲螺的海捕技艺。我们从岸边捡来渔民丢弃的河豚，放置到陶罐里，让它腐烂发臭，直至"臭气熏天"，又到竹器社买来专门捕捉莲螺的、身大口小的小竹篓。每次捕捉莲螺时，将十几个小竹篓分别系上长长的绳子，在每个小竹篓里放上几小块花岗岩石，然后将"臭气熏天"的河豚鱼肉分别放在每个小竹篓里当诱饵。准备妥当以后，我们在码头岸边停放的小竹排上将小竹篓放入海中，小竹篓里因有几小块花岗岩石，很快就沉到海底，只留下长长的绳索的一端系在小竹排上。莲螺嗜食腐烂的鱼肉，它嗅到"臭气熏天"的河豚鱼肉后，定当争先恐后爬入小竹篓中。放置完毕后，我们便在沙滩上翻跟头、追逐嬉戏，挖沙坑、设陷阱互相引诱对方掉入沙坑中……在沙滩上能玩的所有"节目"都尽情地上演。

一个多小时后，我们便跑到小竹排上拉起小竹篓，一般每个小竹篓里都会有几颗赤色的莲螺可以收获。我们用小木桶舀了海水，将赤壳莲螺放在小桶中拎回家，让赤壳莲螺养在海水里过夜吐尽泥沙。夜里，赤壳莲螺会爬出木桶，爬满地板、墙壁，赤壳莲螺散发出的香腥味道弥漫了整个屋子。至今，这股赤壳莲螺的香腥味道仍弥漫在我的嗅觉记忆里，时而勾起我对赤壳莲螺的情感记忆。

以前的惠来街上夜市，有专卖赤壳莲螺的食肆。这种食肆较为简陋，一般都是在一个木桌子上放置一盏昏黄的煤油灯、一个红泥火炉加上一个大锅，桌旁靠着几张矮木凳。烫莲螺是需要经验和技巧的，食肆老板凭经验将莲螺稍涮熟后，用竹签将螺肉挑出（一般会将螺嘴在螺壳的豁口上刮几下，刮去螺嘴上残余的泥沙），再摆盘端到你的面前，配上一碟蘸莲螺肉的辣椒醋，啖之，香爽柔滑，这味道夫复何求。值得一提的是，莲螺黑色的小尾巴是香到了极致的美味，食肆一般配有一名"小二"，操一把硕大锉刀，敲断莲螺壳的尾巴，用嘴将断在壳里的莲螺尾巴吹出。我一看"小二"用嘴吹出莲螺尾巴，觉得不卫生不敢吃，往往引来其他本地食客的揶揄。

南海海产的馈赠养育了我们，我们从小就学会了捕捉莲螺的海捕技艺。

说到莲螺尾巴，还流传着亲家请吃莲螺尾巴的故事，说的是家在海边的阿海请山里的亲家阿山品尝莲螺，亲家阿山不小心将黑色的莲螺尾巴掉到地上，阿海忙说："莲螺尾巴是好东西啊！"亲家阿山听罢伸手到地上捡深色的莲螺尾巴放到嘴里一尝，其臭至极，慌忙吐出并跑到井边漱口，为什么呢？原来黑色的莲螺尾巴掉到地上跳得没了踪影，亲家阿山误将地上黑色的鸡粪便捡了扔入口中。此后，阿海每每邀请亲家阿山品尝莲螺，亲家阿山都举双手"投降"。这小故事也折射出靠山吃山、靠海吃海的饮食经验。但惜乎今非昔比，现在的莲螺已成高档海货，一般在汕头的酒楼、大排档多能吃到，价格为一斤200多元。

美食是最能反映一个地区民俗文化及历史的"活史册",汕头澄海的猪脚饭这么出名,就可能跟澄海的"赛大猪"风俗有关。

我认为,如今潮汕卤制猪脚大概可分为澄海东里和惠来隆江两个体系,它们的卤制方法基本大同小异,区别在于,澄海东里的卤汤冰糖量多些,调得较甜;而惠来隆江选用的猪脚较为硕大,斩件时较为大块,则给人以厚实粗犷、大口吃肉的感觉。

前些日子,我在澄海东里一家专门经营猪脚饭、颇有名气的大排档就餐,店主人提起东里的猪脚饭就来了精神,话匣子一打开,便叨唠出一套"猪脚饭经"来。据店主人介绍,猪脚饭最初起源于东里的街边大众食品——半碗叠。顾名思义,半碗叠即在盛有半碗米饭的碗中叠上一两块用东里传统卤水手艺卤制的猪脚供顾客食用。说起猪脚饭,不妨先说米饭的制作,东里猪脚饭选用优质新米煮成,饭软滑而富于弹性,入口香气四溢。而猪脚的制作,则须做一番详述。

东里的猪脚饭至20世纪80年代初才走上规模化经

营之路，正式登上大雅之堂。卤猪脚除供应店前顾客外，许多餐厅、酒楼也慕名纷纷上门订购，好多顾客还特地购买卤猪脚捎给远在广州、深圳、香港、台湾等地的亲友，导致供不应求。选料方面，店家特选皮白浑圆之猪后脚，因猪后脚瘦肉比前脚瘦肉较少，有利于久熬而肉不散。将猪后脚用刀破开，再每隔一厘米横砍一刀至骨断皮连。猪脚的卤制过程是在陈年老卤汤的基础上，酌量加入上好的酱油、冰糖、八角、豆蔻、丁香、香菇、大蒜头等原料，猛火煮开后放入猪脚，半个小时后改为小火熬煮，3个多小时后整个猪脚香汁渗透、皮肉软烂，即可熄火。待卤汤凉却后捞去上层凝结之猪油，然后装入砂锅，一般每个砂锅装4只猪脚，再用保鲜膜覆盖砂锅口后置于冰柜冷藏结冻即成。

制作猪脚饭首选本地产黑猪的猪脚，其脚骨质地松软，一煮便骨肉并烂，长时间卤制则气味浓郁，是制作卤猪脚的首选。但本地黑猪种因出肉率低而近乎被淘汰，已难觅踪迹，目前所选用的白猪种猪脚，质量较黑猪种猪脚略次。

我与友人为淘猪脚饭到了澄海东里镇樟林新市场（塘西市场），只见一个不起眼的小店门口，一群人蹲在木条凳上吃，想不到这小店竟然是坊间常提到的最地道、祖传三代的"老杨仔"猪脚食肆。小店店主老杨继承祖上的美食手艺，目前小食肆由老杨与儿子一起经营，一碗猪脚饭5—10元，红彤彤、香喷喷、胶绵绵、爽滑滑，入口软烂无渣、肥而不腻、香气四

溢，胶绵而不粘牙，果然名不虚传。

但可惜的是"老杨仔"的店主在我写完《玩味潮汕》一书两年后便过世了。幸运的是其儿子不但接过了猪脚的美食大棒，而且还发扬光大地让"老杨仔"这个店走上品牌化的道路，从卫生到环境都做了很大的改变。更重要的是近两年，年轻的"老杨仔"更是把猪脚饭打造成澄海的夜宵名店。在接近午夜时分，许多人已经进入梦乡，但这一大锅热气腾腾的猪脚治愈了许多夜归人的寂寞与饥肠。所以我也非常欣喜，能在这本《粤菜师傅的粤菜地图：好食汕头》中重新收录"老杨仔"这家猪脚饭店，并且看到了他们的变化与发展。

我当然也跟着一起蹲着吃，一定要这样蹲着吃才正宗、才地道！

潮式快餐——『打冷』

　　"打冷"这个词是舶来品。潮汕本土其实没有"打冷"这个词，潮汕大多称为"食夜糜"。

　　早期，因经济条件有限，"夜糜档"一般以普通廉价食物为主，大多数人是以杂咸小菜，像豆干、咸菜、乌榄、卤肉、猪皮、卤蛋，再点些小鱼小虾之类的冷菜，下碗热粥。后来人民生活稳定，经济好转，这种夜粥档也逐渐丰富了许多品种，像鸡肉、卤鹅、猪的各种内脏，还有鱼饭、腌蟹、虾、壳类，琳琅满目、应有尽有。

　　但是"打冷"这个词是从外地传入的，最早应该是香港开始叫的。当然很多约定俗成的叫法和来源的历史都有点牵强附会，但为了写书还得努力找点说法。据说"打冷"的叫法是在20世纪50年代，很多潮汕人在香港的皇后街开了很多潮汕夜粥店，那时有些人夜里喝完酒便闹事吃"白食"（霸王餐）。但那时潮汕人出外谋生不易，所以非常团结，一旦有哪家人被欺负，基本大喊一声"打人了"，附近只要是潮汕人便都会蜂拥而出一起帮忙，所以香港人对潮汕人的印象，就是一去吃夜宵总会听到"打人"，久而久之他们就把潮汕人开的这种粥店叫成"打冷"（在潮汕话中，"打人"和"打冷"读音类似）。此为民间流传的说法，对与不对我无法考证，仅供参考。

当然"打冷"的来源和其饮食经营模式息息相关，因过去生活条件简陋，人们没有时间好好吃餐饭，大多人都在赶时间，所以这种打冷模式的店便应运而生。一锅热粥可以提前煮好，把各种大菜、小菜都煮好，放在台面上供客人自行挑选。你那边点菜，这边小工已经把粥舀好放桌上了；客人点好菜落座，刚要端起碗，菜也到了，三两下工夫快速解决了温饱问题。

这种模式快、简便，当年还没有"盒饭"这个东西，我想"打冷"应该算盒饭行业的祖师爷吧。所以在我看来，名字的来源并不重要，天下所有的物品，包括人都必须有一个记号。既然外地朋友喜欢叫"打冷"，那就让我们"打到底"吧。不过这些年我欣喜地看到汕头的打冷行业是越做越红火，也更加名声在外了，像汕头的打冷代表"富苑"，已经变成了高端夜宵吃所，像长平路的"不夜天""老姿娘"，还有珠江路上的夜粥店，数不胜数，打冷已经成了汕头夜生活一道不可或缺的风景线。

『打冷』这种模式快、简便，当年还没有『盒饭』这个东西，我想『打冷』应该算盒饭行业的祖师爷吧。

香蕉龙珠球

八宝素菜

红焖猪手

朴子粿

鱼露焗大虾

原只焗大网鲍

花开富贵

秘制沙茶酱

香柠黄花胶

海胆紫菜炒饭

香蕉龙珠球

八宝素菜

红焖猪手

朴子粿

鱼露焗大虾

原只焗大网鲍

花开富贵

秘制沙茶酱

香柠黄花胶

海胆紫菜炒饭

日日香鹅肉

田记猪血汤

炊莲花豆腐

橄榄糁鱼头汤

果香虾筒

橄榄菜炒虾

韭菜粿

豆酱焗鸡

龙穿虎肚

潮汕鱼饭

Part 3

汕头美食番外篇

日日香鹅肉

田记猪血汤

炊莲花豆腐

橄榄糁鱼头汤

果香虾筒

橄榄菜炒虾

韭菜粿

豆酱焗鸡

龙穿虎肚

潮汕鱼饭

粤菜师傅的传承心得

无冕之王——潮菜老法师钟成泉

与泉兄相识其实是在2000年左右，但彼时我乳臭未干，无家无业，混食于江湖，那时泉兄已是汕头潮菜的标志性人物，高不可攀。那时虽偶有照面，也只能是我认识他，他不认识我。在当时若有食局能设在泉兄的东海酒家，便是天大的事，人们以能在东海酒家吃一顿饭为荣。

跟泉兄有更多的接触则是近几年的事。随着我"不务正业"地在美食圈混的事务多了起来，自然而然地也与泉兄熟络了，并逐渐成忘年之交，也因此对泉兄有更多的了解。泉兄早年曾在汕头标准餐馆——潮菜的发源地"汕头大厦"和"鮀岛宾馆"工作了二十年左右，于1992年离职，创办了"东海酒家"。

自东海酒家开业至今，泉兄事必躬亲，遵古法而不守旧。酒楼历经二十多年，不管社会如何变迁，业界生态如何变化，东海酒家至今仍是汕头精细潮菜的一面旗帜。

初识泉兄觉得他不苟言笑，满面威严，不怒自威。但近距离接触便发觉泉兄原来也是幽默有趣，金句连连，特别是在微醺的状态下泉兄有时也妙语连珠，总让朋友们既能美味饱肚又能捧腹而归。

泉兄为人实干，真诚，所以一直也懒得混江湖，只埋头做菜，所以在他身上找不到任何官方的标签。例如什么大师、几级大厨、什么协会会长……泉兄一概不屑于去营造这些光环，只做好他的菜。但是金子不管放在哪里，或是以什么形式，它都会发光。泉兄近年来除了做菜，也有了许多心得——怎样才能为这个社会留下一点什么，这样人生才有意义，所以泉兄近年边做菜边拿起了笔，书写着他的情怀与记忆，也书写着他的经验积累和心得。他近年出版了几本著作：《饮和食德——传统潮菜的传承与坚持》《饮和食德——老店老铺》《潮菜心解》。泉兄兢兢业业，一辈子只做一件事，不愧为潮菜的"无冕之王"。

恰逢近日出版社邀约我写《粤菜师傅的粤菜地图：好食汕头》一书，主要弘扬汕头的名师名菜，我第一个想到的人便是这位潮菜的老法师泉兄。在我的邀请下他也欣然应邀，并毫无保留地贡献了两道菜品的制作工艺与特点，特此向钟成泉老师致敬，菜品如下：

原材料：光鸡1只、白膘肉150克、姜2片、青葱2条、芫荽2株。

调配料：普宁豆酱、芝麻酱、味精、酱油、胡椒粉、芝麻油、白糖、白酒、二汤

制作过程：

（1）光鸡内外洗净后修去脚爪、鸡头、鸡尾，擦干水分，然后用姜、葱、盐、酒腌制。

（2）将豆酱碾成泥后加入芝麻酱、味精、酱油、芝麻油、胡椒粉、白糖、白酒，调成酱料，涂在鸡的内外身上，再腌制20分钟。

（3）取砂锅一只，垫上竹箆底，把白膘肉放底部，放入腌制好的光鸡，姜、葱、芫荽同时放在上面，注入半碗二汤后盖紧。

（4）先旺火烧开，后慢火焗制，直到有焦香气味飘出，揭盖时熟鸡身呈金黄色，酱香味扑鼻。

食用建议：吃时手撕、斩件、拆肉去骨都行，视食客需要而定。

心解

鸡在烹制中有百变之味，这在我学厨时就听罗荣元师傅这么说过。

东西南北各地方的烹制手法各不相同，烹鸡的菜名多不胜数，诸如白切鸡、手撕沙姜鸡、东江盐焗鸡、广州太阳鸡、顺德桶仔鸡、苏州叫花鸡、重庆辣子鸡、海南椰子鸡、扬州炸子鸡、贵州茅台鸡、金华玉树鸡、糯米酥鸡、脆皮炸鸡⋯⋯

绕了一大圈，为的就是引出家乡的味道——普宁豆酱焗鸡。很多时候我在想，鸡是世界的，而豆酱却是家乡普宁独有的，为什么要串在一起呢？难解也。

《舌尖上的中国》寻找豆酱最佳搭配时，偏偏选上了普宁豆酱焗鸡，让人兴奋激动，观众也因此记住了我家乡的豆酱焗鸡。

香蕉龙珠球

原材料：香蕉1个、鲜虾仁300克、马蹄肉50克、面包片100克、鸡蛋1个

调配料：味精、盐、胡椒粉、生油

制作过程：

（1）鲜虾仁洗净后吸干水分，放在砧板上用刀面拍成胶状后加入蛋清、盐和味精，用筷子搅拌，再加入马蹄肉拌匀。

（2）香蕉去皮后切成小粒，把虾胶挤成丸，再粘上香蕉粒，撒上面包碎。

（3）烧鼎热油，将做好的香蕉龙珠球炸至金黄色，捞起沥干，装盘即成。

口感特点：此菜为传统潮菜，口感、味道更是匪夷所思。本来炸物给人感觉是酥脆、焦香，但这个龙珠球却是皮酥里糯，特别是香蕉的软滑和虾胶的胶状感形成了独特的口感体验，在味道上更是出奇制胜，咸香中夹着香蕉独有的香甜气息，充分满足了人们味感上的猎奇心理。

传统潮菜的民间校长
——记汕头市非物质文化遗产鱼胶干制技艺传承人纪瑞喜

纪瑞喜，用"浓缩就是精华"来形容他，我觉得最为贴切。年近六十的他精神抖擞，永远都有使不完的劲。虽然个子不高，貌不惊人，但一说到做菜，他就像个二十岁的小伙子一样活泼。

近三十年里，在潮菜的发展历史中，他是不可磨灭的一面旗帜。他于二十世纪八十年代创办了"建业酒家"，专门以传统技法做潮菜。纪瑞喜十六岁入行学习，刻苦善钻研，所以对于传统潮菜烹饪技法得心应手，加上其永不服输的性格，在酒楼创办后没几年，二十世纪九十年代时建业酒家已经成为汕头潮菜酒楼的领头羊。但纪瑞喜性格严苛，严己律人，当时在他的严格要求和培养下，建业酒家涌现出一批批技术过硬的厨师。然而成也萧何败也萧何，纪瑞喜过于严苛的性格导致了无数人才的流失。随着时代的变迁，大多数人已难以忍受一位这么严格和苛求的老板。但是许多人都不得不承认，是"建业"成就了他们，如今在全国各地数得上号的潮菜酒楼里头或多或少都有来自建业酒家的师傅。所以我称纪瑞喜为"潮菜民间学校校长"。他不但培育了无数的厨师人才，而且在自身的技艺上也不断追求研发，特别是他对海产品干货的制作颇有心得，重点的研究方向放在了鱼胶上。他觉得鱼胶的独特性是其他许多食材无法相比的，所以二十年来他在鱼胶的干制技术和鱼胶的菜品开发上取得了不俗的成果，也因此被评

141

为"汕头市第十三批优秀拔尖人才""2012年广东省岗位技术能手标兵""汕头市非物质文化遗产鱼胶干制技艺传承人"等。

纪瑞喜是传统潮菜的坚守者也是授业者。在此向纪瑞喜大师致敬，感谢他为潮菜传承做出的贡献。

以下是纪大师的经典菜品：

香柠黄花胶

传说在两百多年前，泰国吞武里王朝唯一一任国王郑信王的掌上明珠森运公主因为患病缺乏食欲，焦急的郑信王就叫御厨做点开胃汤。没想到森运公主喝了这碗汤之后食欲大开，病情减轻。郑信王便称此汤为"国汤"，定名"冬荫功"。

纪大师从冬荫功获取了灵感，以"东酸西辣、南甜北咸"的中国风味习惯，结合潮汕人的饮食习惯，采用改良烹饪法，将冬荫功中的主角——柠檬与番茄、葱用作调味，与花胶完美结合，创新调制出各类人群均适食的"香柠黄花胶"。

光环满身却低调行事的潮菜布道者——林百浚

林百浚，别称"阿伟"，出生于潮菜发源地，自小对潮汕人文地理了解很深，受其爱烹饪的叔父影响，对传统潮菜耳濡目染，对烹饪产生了浓厚兴趣，不时学习潮菜的传统做法自娱自乐一番。18岁时，林百浚定居香港，入行后于九龙鱼屋潮州酒店做帮工，由于其本身在潮菜烹饪有一定基础，加上勤奋好学，认真观摩，不几年就学到一手好厨艺。就这样，从帮工到厨师、高级厨师、厨师长直至行政总厨，一步一个脚印走过来。

潮菜虽属于粤菜体系，但因潮菜以精工制作著称，且潮汕有着丰富的海鲜和特色的蔬果资源，特别是从20世纪80年代开始，燕翅鲍参肚等高端食材的兴起，使潮菜不仅在粤菜中地位超然，在中餐中也独领风骚，成为最高级的宴会菜肴。

林百浚自在香港饮食界显山露水后，先后受聘为巴黎宝山潮州酒楼总厨、深圳新都酒店（四星）潮菜总厨、山东潍坊富华大酒楼（五星）行政总厨。由于勤于钻研，善于借鉴融汇，林百浚的业绩突出，佳肴新菜创意不断，其中"红烧宫燕""清汤大排翅""阿伟鲍鱼"成为林百浚的招牌菜。

自从1999年受聘为汕头五星级帝豪大酒店行政总厨至今，林百浚获得无数殊荣，部分荣誉列举如下：

2001年中国首位荣膺法国美食协会"金质勋章"。

2001年荣膺法国美食协会"优异之星大奖"。

2002年任广东烹饪协会潮菜研究中心副理事长。

2004年荣获"中国烹饪大师""中国药膳大师"称号，以及荣获全国商业科学技术进步奖，同年被授予"中国厨王"称号。

2006年被韩山师范学院聘任为客座教授，同年"阿伟炒燕窝"荣获第七届中国美食节金鼎奖。

2007年被评为中国饭店协会鲍翅专家委员会专家委员、国家级评委。

2008年1月被聘为韩国药膳文化协会顾问及颁发荣誉证书。

2008年6月被中国饭店协会授予中国美食文化贡献奖，并获奖牌。

2009年6月被中国饭店协会授予亚太区十大华人饮食文化贡献奖。

2009年10月被中国饭店协会聘为"名厨俱乐部"副主席。

2010年被国际饮食养生研究会任命为副会长。

2010年6月被人力资源和社会保障部评为"国家职业技能竞赛裁判员"。

以上荣誉只是早年的一部分，下面重点要提的是林百浚对于潮菜的兴起与拓展做出了不可磨灭的贡献。

深圳是经济特区，但在1988年前却没有一间正宗潮菜馆。最早把潮菜引入深圳的是四星级的新都酒店，酒店内分设有西餐、粤菜、潮菜三部分，林百浚受聘为潮菜部总厨，赴任时从香港带去一些弟子做主理，帮工与其他员工则是在当地招聘的。招工后阿伟与弟子们亲自教授和培训，对于这些新老弟子，林百浚一视同仁，亦师亦友，毫无保留地把潮菜要点、厨艺传授给他们，并不论先后称呼大家是"好拍档"。及至今日，虽然当年的合作伙伴已经分散世界各地，但仍能保持良好关系，友谊长存。

高级潮菜在深圳新都正式"登陆"后，全国各地的潮菜馆如雨后春笋般冒出来，当年跟随林百浚的弟子们也先后被各大潮菜馆高薪挖到深、穗、珠、琼，甚至远至京、沪、辽、鲁、川等地的高级潮菜馆担任主厨、总厨之职，并一代传一代。可以说，如今林百浚的徒子徒孙遍布祖国大江南北，他们对于继承、拓展潮菜，并弘扬潮汕饮食文化做出了不可磨灭的贡献。

关于林师傅的菜品，虽然传统技法与创新菜品繁多，但林师傅最为得意的还是鲍鱼的烹饪技法。自早年在香港，林师傅对鲍鱼，特别是干鲍的制法技艺已经有了一套自己的工艺与心得。但是林师傅力求完美，于20世纪80年代末，拜"鲍鱼大王"杨贯一为师，认真学习钻研干鲍的发制与烹调之技。杨贯一对于收徒最看重的标准是人品，而后才是技艺与努力。林百浚在这期间深得杨贯一赞许，杨贯一于2001年正式确认林百浚为其入室弟子并亲手题下"林伟鲍鱼，得吾真传"的赠言。由此可见林百浚师傅的干鲍烹饪技法非同小可了。

这一次林师傅听闻我在写《粤菜师傅的粤菜地图：好食汕头》一书，也本着弘扬潮菜的宗旨，林师傅毫无保留地把他制作干鲍的心得与技艺一并公开奉献，特此向林百浚师傅致敬。以下是制作方法：

原只焗大网鲍

主料：日本清森大网
干鲍

辅料：老鸡、唐排、
芥蓝菜心

调味料：顶汤、火腿汁

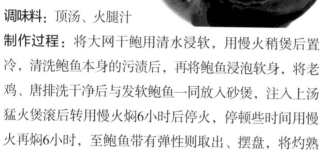

制作过程：将大网干鲍用清水浸软，用慢火稍煲后置
冷，清洗鲍鱼本身的污渍后，再将鲍鱼浸泡软身，将老
鸡、唐排洗干净后与发软鲍鱼一同放入砂煲，注入上汤
猛火煲滚后转用慢火焖6小时后停火，停顿些时间用慢
火再焖6小时，至鲍鱼带有弹性则取出、摆盘，将灼熟
的芥蓝菜心伴边，将鲍鱼原汁调味后埋芡即可食用。

特点：鲍鱼富有弹性，呈糖心，味道浓郁可口。

花开富贵

主料：南澳大响螺

辅料：凤凰山茶心

调味料：高汤、精盐

制作过程：将响螺洗净
后去壳取肉，将螺肉清
洗干净后切片，做成牡
丹花形状，放入花碗，

凤凰山茶心做伴，注入加热高汤后盖上，放入蒸柜蒸
1—1.5分钟即可拿出，调好味后即可食用。

特点：螺片与茶叶相映成趣，螺片晶莹透明爽口，茶
味清香。

南澳达江大排档

南澳达江大排档是"汕头粤菜师傅首个乡村工作站"，主理人为陈达江。

达江，土生土长南澳人，初中毕业后就到粤东技师学院学习厨艺，毕业后到了上海潮府馆，从事厨师工作，一干十多年，这期间代表粤菜师傅先后参加上海世博会、韩国丽水世博会。达江勤劳肯干、任劳任怨地学习和工作，厨艺也日益精湛，加上其处在上海大都市，有各种潮流新模式，因而也见多识广。

直到2016年，达江有一次回家乡和老家的一些朋友聊天，朋友们在抱怨南澳海鲜食材得天独厚，近年环境也越来越美，但大多数酒楼、大排档都是非常粗放型的烹煮方式，往往糟蹋了好食材，还给岛外的人留下不好的印象。所以朋友们就鼓动达江，既然学得一身厨艺何不回乡创业，也许能为南澳的餐饮业带来一些发展，也算为家乡做些贡献，顺便也带动当地一些年轻人学点手艺。

达江经过深思熟虑后，决定回南澳这个美丽的家乡创业，经营了一家海鲜排档。南澳本身食材极佳，加上达江这些年的烹饪心得，更是如鱼得水。在短短的两年时间里，达江"南澳第一大厨"的称号便悄然传开了。熟客、回头客也接踵而来，各大媒体平台也多次造访，像央视二套的《消费主张》栏目、《南方日报》等都报道了达江的海鲜大排档。

　　到2018年，达江的母校粤东技师学院为了落实"粤菜师傅"工程，积极地鼓励已毕业的学生多回校，传播从业或工作经验，更是把达江经营的大排档列为首个乡村工作站，帮助达江在菜品研发以及经营服务上做得更完善更好，也让达江帮带一些学弟们实践。在接地气的实操上，达江大排档也做出了许多成绩与贡献。同时达江在学校导师们的交流指导下，也创作了许多独具海岛特色的菜品，特别有代表性的如"海胆紫菜炒饭"，这道菜以南澳特有的海产为原料，味道鲜香，口感层次丰富，特别是在夏天游客上岛游玩，游泳后饥肠辘辘的状态下，这一盘特色炒饭让游客们都大呼过瘾。关于这道菜，达江也毫无保留地把心得、配方及制作方法公开如下：

海胆紫菜炒饭

配料：海胆、紫菜、胡萝卜、香菇、金不换（九层塔）、葱、虾米、肉末、鸡蛋、米饭、蚝油、生抽

制作过程：

（1）把胡萝卜、葱、金不换、香菇切粒备用。紫菜

用油炸一下捞出沥油，然后揉碎备用。海胆蒸熟备用，目的是定型、不易碎。

（2）热锅下油，下鸡蛋翻炒，再倒入切好的胡萝卜丁、香菇丁、虾米、肉末翻炒，再倒入米饭，下蚝油、生抽调味，用大火翻炒均匀，最后再加入海胆、紫菜、葱花，翻炒几下就可以出锅装盘。

　　当然阿江的拿手菜不止这一个，像咸菜柠檬鲨鱼、焗珠瓜、泉水青菜、爆炒车白，种种写得我自己都流口水了，各位读者还是有空去南澳岛感受一下吧。

海胆紫菜炒饭

一个做鸡肉的孝子——记本味轩主厨陈思咏

　　用"大隐隐于市"来形容本味轩这家以茶餐厅自居的食肆，我想是最贴切的。这家开在黄山路与韩江路交界处的小餐厅，其实已经开了近十年。我经常从本味轩门口经过，但从来没进去吃过，在汕头也少有人提及。

　　直到前段时间，我的朋友——在汕头红得发紫的"猪血明星"田海鹰，他知道我在写《粤菜师傅的粤菜地图：好食汕头》一书，便对我说："标哥，介绍一个全汕头做鸡肉最好吃的人给你认识。他做鸡饭和各种鸡肉一绝。"如此反复说了好几次。一般我对于田海鹰和我说"食"的事，都要给他打个六折，所以也不当一回事。直到今天下午突然想起这事，又恰好这本书中一直没有一家卖鸡肉的店的介绍，便约上田海鹰到本味轩。海鹰介绍老板与我认识，也就是海鹰说的做鸡肉的人，此人还是海鹰的小学同学，名字叫陈思咏。我一看老板就觉得他的气质和这家店不太匹配，从他的言谈举止上看，应该是见过世面的人，所以我就拉着老板聊了起来。

果不其然，这位老板原来也是家庭条件不错之人，早期在电力部门工作，后来自己下海经商，经常在全国跑动。但他和我有相同之处，都是天生好吃，也喜欢下厨做菜。他在这期间走南闯北，又好吃，因此也结交了许多厨界中人，特别是早期与港澳地区的一班粤菜师傅成莫逆之交，这也为陈思咏后来开餐厅埋下了伏笔。到了2008年左右，在外经商的思咏接到了父亲身体欠安的消息，便赶回家来，后来为了照顾双亲，思咏便结束了外面的生意回到汕头。刚回到汕头的思咏一时无所事事，便想着做一点自己喜欢的同时又能照顾家中老人的事业。从思咏的言谈中，可以看出他是个大孝子，为了照顾父母，宁可放弃在外的事业，这一点特别要向思咏致敬。思咏思来想去就决定开一家餐厅，他把这个想法告诉了他在厨师界的好朋友们并得到许多支持鼓励，澳门的厨师朋友更是举双手支持，从这一点也看出思咏平时待朋友的真情。但从决定做餐厅起，思咏便想做鸡肉相关的美食，因他认为鸡是大众最常吃之物，只要鸡的原料找得好，味道好，自然不愁没生意。还有最重要的一点就是思咏的外表虽帅气逼人，但他骨子里却不大喜欢应酬，就喜欢躲在厨房研究做菜。所以他开始就想做一只

鸡，煮个鸡油饭，简单不复杂。刚开始两年思咏潜心向澳门的厨师朋友学习各种烹鸡妙技，自己对食材又比较有要求，所以开业三两年后，本味轩的鸡饭就得到了很多客人的追捧，也拥有了许多忠实粉丝。

生意开始稳定之后，思咏这种喜欢躲厨房研究的本性又显露了出来。他每天都会研究折腾着做一些新菜品，从东南亚的肉骨茶、澳门的猪扒包、海鲜粉丝煲到九肚鱼酿虾胶，种种菜式他都做得不亦乐乎。每做出一个新菜就会端给一些像老朋友一样的客人品尝，客人吃完后下次来又要点，这样一来，本来一家纯粹做鸡肉的餐厅硬生生被思咏折腾成了一家菜品研发中心。但他的人均消费一直定位在一百元以内。所以即使好为人师的田海鹰一直跟他说菜的品种不能多，一直想教他怎样挣钱，思咏也一直只是笑着说："唉，都是这么多年的老顾客，他们喜欢吃，我就尽量做给他们吃，他们吃得开心，我也高兴，至于能赚多少钱不重要啦。只要不亏本，可以维持下去，足以照顾家中老人就好。"在思咏说这番话的时候，我从他的眼神里看到了一份难得的从容与恬淡。那是曾经辉煌过，也经历过风雨后，听从内心指引走进厨房的烹饪爱好者，所以当很多人让他转型开私房菜馆，或重新研究餐厅怎样定位经营时，他总是笑着说每天都在厨房没时间想这些。当天晚上思咏和我聊得开心，也做了许多菜给我吃，但我回家后，印象最深刻的还是那碗鸡油饭和那份白切鸡，还有那个英俊又略带一丝忧郁的做鸡肉的孝子。

记传统潮菜的老法师——詹明亮

詹明亮大师，其实我与他并不熟悉，知道他的情况是来自我的好友——李光亮先生。李光亮现为粤东技工学院旅酒管理系的主任。我们是茶友，也是经常一起探讨潮菜发展思路的良师益友。李主任听闻我在写《粤菜师傅的粤菜地图：好食汕头》一书，力荐我了解一下詹明亮大师。李主任和我说："詹明亮大师对传统潮菜的钻研非常深厚，实战经验丰富。"

1985年从汕头市技工学校厨工专业毕业后，詹明亮大师就深入各个小排档、大酒楼摸爬滚打，足迹遍布大江南北。20世纪90年代留在广州贵都国际大酒店当潮菜主管，最远的也到过甘肃国际大酒店当行政总厨。这期间詹明亮大师创新而不忘根，在传统的潮菜技法上精益求精，也期望着有一天能把手艺传给下一代。所以在2012年的时候，他被粤东高级技工学院力邀特聘为烹饪专业教师，从此教书育人，在传授潮菜传统技艺的道路上取得不俗的成就。

詹明亮大师任教至今，所获的部分荣誉如下：

广东省"粤菜师傅"大师工作室首席大师
国家级陈少俊技能大师工作室教学导师
2013年广东省餐饮行业职业技能竞赛银奖厨师
2014年广东省餐饮行业职业技能竞赛优胜厨师
2015年广东省餐饮行业职业技能竞赛银牌厨师

2017年中国潮菜名厨烹饪大赛团体金奖

2017年中华粤菜创新厨艺大赛团体金奖

2018年第三届广东省技工院校技能大赛暨广东省首届"粤菜师傅"技能大赛传承组比赛"优秀指导教练"

以下是詹明亮大师的传统名菜:

红焖猪手

烹调方法:焖

材料: 猪手1只约2斤、针菜50克、西兰花1个

调味料: 南姜25克、鲜蒜2条、八角3克、川椒2克、桂皮3克、甘草1克、丁香4粒、梅膏酱半瓶、白醋50克、白糖50克、盐5克、酱油100克、湿粉适量

制作过程:

(1)将针菜加清水浸泡;猪手用骨刀破开,将粗骨斩断,皮不要弄破,涂上酱油、生粉浆后下油鼎炸至深红色捞起。

(2)取高压锅一个,用竹箅垫底,加入猪手、南姜、鲜蒜、八角、川椒、桂皮、丁香、甘草,加入清水刚好淹没猪手,入梅膏酱、盐,上盖先旺火加热至出汽时转慢火压25分钟左右取出,原汤汁留用。

(3)西兰花切块后飞水捞起,针菜压干水分后切去根部硬蒂,然后每2条打结,鼎下少量油,下针菜略炒后加入

原汤汁，猪手收浓汤汁，加入白醋、白糖，将针菜放入汤盘底，放上猪手，围上西兰花，汤汁勾芡后加入包尾油，将汤汁淋在猪手上即成。

风味特点：浓香入味，肉香烂滑，酸甜适口。

八宝素菜

烹调方法：扣

材料：大白菜400克、鲜莲子50克、中个香菇50克、胡萝卜100克、腐竹50克、豆干2块、黄瓜150克、发菜50克、五花肉200克。

调味料：味精5克、盐5克、麻油2克、胡椒粉2克

制作过程：

（1）发菜泡发，大白菜洗净切8×4厘米块状，胡萝卜去皮切6厘米长三角块，腐竹切6厘米长条，黄瓜切6×1.5×1.5厘米长条，豆干切6×2厘米"日"字块，鲜莲子去心。

（2）将香菇、胡萝卜、腐竹、豆干、黄瓜、莲子过油倒出，大白菜过油倒出。

（3）顺鼎下肚肉爆香，下上汤，加入香菇、豆干、黄瓜、胡萝卜、腐竹、大白菜、莲子、发菜焖制10分钟，将材料装入扣碗中，原汁一同倒入，上蒸笼蒸20分钟后将原汁倒回鼎内。材料反扣圆盘中，将原汁调味后勾芡淋于菜上即成。

风味特点：软烂滑口，浓香入味

粤菜师傅的摇篮——广东省粤东技师学院

要谈粤菜、粤菜师傅，就不得不谈广东省粤东技师学院（下简称"学院"）。学院从20世纪90年代开始设立潮菜烹调培训，有"潮菜黄埔军校"之称，历年培训出去的厨师不计其数，在全国各个城市，只要有粤菜酒楼或潮菜酒楼，基本都有该学院培养出去的学生。

自"粤菜师傅工程"启动以来，学院的领导以及广大教职人员就不遗余力地参与其中，并推进相关工作的开展。这些年我有幸参加学校的一些教学交流工作，现将"粤菜师傅工程"的工作成果汇总如下。

一、2018年12月，学院承办广东省首届"粤菜师傅"技能大赛。分"工匠组"和"传承组"两大组别比赛，全省21个地级市以及省属高校、技师学院的37支代表队共98名选手同台竞技。该比赛突破广府菜、潮菜、客家菜三种地方风味菜同台竞技的选题、选材、考核评价标准等难点，为广东省其他粤菜师傅赛事提供经验和范式借鉴。

二、2018年12月，陈少俊技能大师工作室（烹调）获得人力资源和社会保障部、财政部备案，正式成为国家级技能大师工作室。我也有幸成为大师工作室的成员。

三、2019年1月，学院在汕头、汕尾、深圳、上海等地设立"粤菜师傅"乡村技师工作站7个。其

中，设在汕头市南澳县的南澳达江海鲜大排档技师工作站是全省首个"粤菜师傅"乡村技师工作站。

四、首届全国"潮菜师傅"技能邀请大赛在2019年7月7日至8日举办，来自全国13个省市30支参赛团队的90名选手同台竞技。该邀请大赛以弘扬潮菜师傅匠心精神为主旨，以"名师""名菜"促进餐饮业创新发展、高质量发展，树立新时代"潮菜师傅"形象和潮菜品牌。

五、编写广东省"粤菜师傅"工程《潮式风味菜烹饪工艺》《潮式风味点心制作》《潮式卤味制作工艺》三本培训教材（2019年8月出版），进一步完善"粤菜师傅"培训工作。

六、参与国家基本职业培训包（指南包、课程包）《中式烹调师》（已出版）的编写工作；主编国家级培训教材《中式烹调师（初级）》（2019年6月份出版）。

七、2018年5月18日承担广东省特色专业——烹饪（潮州菜方向）专业目录开发。

八、2019年5月通过评审成立杨旭宏技能大师工作室（中式烹调师面塑）。

九、2019年5月8日举办"粤菜师傅"厨艺大比拼活动，搭建"粤菜师傅"乡村技师工作站厨艺交流平台。

十、2019年6月3日，广东省人力资源和社会保障厅批准设立广东省粤菜师傅培训基地、广东省粤菜师傅詹明亮大师工作室。

十一、2019年6月13日至15日，在武汉参加第二届全国创业就业服务展示交流活动并获优秀项目奖。

十二、2019年1月至12月，开展陆丰市技工学校粤菜师傅烹饪专业帮扶活动、广东省"粤菜师傅"培训基地建设，以及开展"师带徒"活动。

十三、2019年9月7日至21日由柏雪梅副院长带领广东省粤菜师傅詹明亮大师前往西藏林芝参加广东援助西藏林芝实施"粤菜师傅"培养工程，圆满完成教学培训任务，并受到大力肯定。该次教学培训，学员满意度高，提升了学员烹饪技能，为扶持旅游产业发展，助推技能脱贫和乡村振兴做出贡献。2020年6月20日至7月17日，詹明亮大师再次开展粤菜师傅援藏工作。2020年7月23日，学院中式面点李晓君老师前往西藏林芝为当地牧民开展中式面点专项能力培训。

十四、2019年11月29日至30日参加粤港澳大湾区"粤菜师傅"技能大赛暨粤菜产业发展交流活动，潮式风味点心、潮式风味菜及面塑齐齐亮相，受到广大顾客的好评。

十五、2020年8月3日至8日，开办第一期技能夜校——潮式风味点心制作培训班。2020年9月14日开办第二期技能夜校——潮式风味点心制作培训班。并为汕头市濠江区社区居民开展潮式风味点心制作技能培训。

十六、2020年8月5日至8日承担广东省职业训练局"粤菜师傅"工程潮式风味菜、潮式风味点心、潮式卤味培训视频的拍摄工作。

十七、2020年1月参与广东省人力资源和社会保

障厅组织的"粤菜师傅·幸福菜谱"拍摄活动。

十八、2019年至2020年国家级大师工作室联合南澳达江海鲜大排档开发乡村旅游套餐并应用于乡村大排档经营，取得良好经营效果。

十九、发挥"粤菜师傅"乡村技师工作站的引领作用，2020年7月至8月在汕头、上海、深圳、汕尾等地开展"粤菜师傅"大培训，培训238人次。

二十、2020年9月8日参与广东省"粤菜师傅"工程标准体系规划与路线图研究项目，进行潮汕菜调研工作。

以上工作成果，既是我创作本书的源泉和动力，也希望可以激励更多的粤菜师傅不断突破自我，更上一层楼。

寻觅汕头美食之路

要说一座城市的味道，其实不单是各种食物，有许多食物以外的味道也能让人回味无穷、流连忘返。比如，到潮汕，不管是街头还是巷尾，随处都有人喊你："来食杯茶！"这是浓浓的人情之味。

还有一种味道就像是一个人身上的经络血脉一样流淌着，那便是一座城市的路。一座城市发展得怎么样，其实在马路上便可见一斑。这座城市的文明程度在马路上也能看出个大概。一座城市是否有文化历史的沉淀，其实在马路上也洞察得到。

这里重点要说的是"美食之路"。一座城如果是以美食著称，但又没有哪条路或哪条巷集中着各种美食，那么这座城肯定是浪得虚名的。所以很多外地朋友来到汕头经常问我："标哥，推荐几家酒楼、私房菜馆来吃。"我跟他们说："其实汕头的美味是在街头巷尾，你去到一个地方就是要感受当地的烟火气息，你如果老是带着自己的胃口和想象空间出来走江湖，那就不用出来了。"

　　现在一般的城市大酒楼、小私房菜馆都是你抄我的，我抄你的，来来去去都是这些菜，大同小异。来到汕头就要去人间烟火处，哪怕很多时候会"踩雷"，但也乐在其中，所以接下来我们就聊聊汕头的美食之路。

　　来到汕头有一个地方我建议去的就是汕头市的发源地——小公园，以小公园往四周扩散出去的路都很有历史感。路两边的一幢幢骑楼，仿佛在和你诉说汕头当年的光辉岁月。而且，不经意间你就会为一阵香气所吸引，最靠近小公园的国平路往西有一家最老牌的店叫"飘香小食店"，经营着品种繁多的传统潮汕小食。当然，现在的品质就一般般，但作为回味或者拍拍照也是不错的。往东靠近外马路的"爱西干面"也是历史久远，在国平路上还有各种售卖粿条面汤、炸春卷的店，升平路上有蚝烙、肉饼丸子（可惜的是，升平路上原有一家"西天巷蚝烙"出品颇好，如今已成历史）。接着往民族路上有"老潮兴"的小吃粿品体验店，还有潮汕传统的饮品店，售卖老熟地水、老香黄水等。再往前靠近升平路外马路处，有最著名的景点"老妈宫"，老妈宫对面的巷子里有老牌小食店"老妈宫粽球"。从民族路往升平路拐进去就到小公园中山亭，其周围也有卖潮汕的各种特产，例如甘草水果、芝麻糊、糖葱薄饼等。所以来到汕头，下午四五点的时候，可逛逛小公园及其周边，在落日中感受着这里曾经的辉煌岁月。累了就在骑楼下坐一坐，买一块糖葱薄饼品尝，享受这甜蜜的时光。

等到华灯初上时，有几条路可以选择。靠近老市区的有西堤路，这条路由于原来靠近渔港码头，还有鱼类海鲜批发市场，所以这里聚集了许多专门经营小

一座城如果是以美食著称，但又没有哪条路或哪条巷集中着各种美食，那么这座城肯定是浪得虚名的。

海鲜的摊档。各种鱼鲜蟹类琳琅满目，价格超低，但环境和烹饪您就不能有太高的要求了。从老市区沿着中山路一直向新市区过来，一路上也有各种各样的大排档和小吃店。

在汕头，夜市美食比较集中的还有这两条路，一条是长平路，这是很久以前就发展起来的美食一条街。在这条路上有各种海鲜大排档，还有卖猪肚猪杂汤、粿汁的店。这些年很出名的田记猪血汤也在这条路上，牛肉丸阿坤也在这条路上。"老姿娘粿汁"有我觉得最好吃的卤大肠，这家店也在这条路上。所以在长平路上从西向东一路扫过去，你得多带几个胃。

另外有一条不得不重点介绍的路就是珠江路，这两年珠江路挂上了"珠江路美食街"的牌子。其实最早提出"珠江路美食街"的是我，也是我最早带着央视的记者去拍摄珠江路美食的。这条路在多年之前就不知不觉地聚集了各类饮食店。我为什么要重点聊这条街呢？因为这条街上的美食品类非常丰富，从小食、甜品、肠粉到火锅、鹅肉饭、鱼肠米粉、鱼粥、猪杂、海鲜、川菜、干面，我写得手酸了，还有许多许多……你可以在这条路上，从华灯初上吃到第二天凌晨。

还有一条近年兴起的美食大公路，即远离市区的金鸿公路，在这公路上经营的店都是规模比较大的，主要经营生猛海鲜和牛羊肉火锅。

汕头的美食道路还有非常多，只能读者自己慢慢去寻找和感受了。

汕头美食游攻略

A：美食精品行

第一天到达汕头，可供选择的酒店不多，目前首选喜来登或国际大酒店。但在写此书的时候，据说汕头有好几家五星级宾馆在建，以后的选择可能就多了。

人们从四面八方而来，当天到达人又累，所以第一天晚上首推的是富苑夜粥，去这里可早可晚，消费可"高大上"，也可"接地气"，这个夜粥店里的食材选择非常多。

第二天早上可选择猪血汤或老姿娘粿汁，我建议两个一起来，要不怎能彰显有钱又能吃呢！而且两者距离很近，吃完有点饱，建议到处逛逛消消食。

到澄海的陈慈黉故居参观便是挺好的选择。距市区约10千米，故居始建于清宣统二年（1910年），包括郎中第、寿康里、善居室、三庐等宅第，占地面积2.54万平方米，共有厅堂506间，被称为"岭南第一侨宅"，同时也是潮汕地区规模最大的近现代家族式建筑。其中最具代表性的"善居室"始建于1922年，占地面积6861平方米，计有大、小厅房202间，是所有宅第中规模最大、设计最精、保存最为完整的一座。

逛完刚好到中午，建议去日日香全鹅店。不过，若要吃三年的老鹅头，可得提前一天预订哦。吃完鹅肉可以回市区，来我的工作室找我喝茶。我在这里准备建一茶库叫"中华茶库"。

喝几泡茶，清空肠胃，准备迎接晚上的潮菜大餐。有几个选择：汕头东海酒家，由传统潮菜的老法师钟叔主理；以及建业酒家、新派潮菜·煮海餐厅，不过这些餐厅都要提前预订。

第三天早上可以起个早，去欧汀菜市场逛逛，那是很有人间烟火气的菜市场。然后在菜市场边上吃一碗真正豪华的猪肉早餐，这里早餐所用的猪肉都是最新鲜的，挑选的猪肉部位也最好。有一家我经常吃的叫"李弟"，也有其他许多可以选择的。

吃完后可以前往小公园逛逛，当是消食，顺便喝碗老香黄水或熟地水。中午吃一餐牛肉火锅，火锅店有两个选择，可选大品牌店——八合里海记，也可选择小店阿坤的潮乡手槌牛肉丸，各取所需。

B：南澳海岛行

第一天到汕头，可入住金海湾大酒店、海逸汇景酒店或维也纳酒店。晚上依然可以到富苑打个卡。

第二天早上可以直奔小公园逛逛老街，顺便吃小吃，把早餐、午餐一块解决。这里有老潮兴粿品体验

店，各式潮汕粿品、小吃应有尽有。边上有老妈宫粽
球和猪肉丸汤。

　　逛到午后，吃也吃饱了，人也逛累了。这时可以

约辆车到南澳岛，顺便在车上休息一下。到了南澳，
一路上环岛而行，领略美丽的海岛风光。吹着海风，
可以去到青澳湾的北回归线标志塔，拍拍照。晚上可

以去粤菜师傅乡村工作站达江大排档大吃一餐，海鲜丰俭由人。晚上入住南澳，南澳岛现在的酒店、民宿比较多，只要不是节假日，房间价格都不贵，选择太多，在此就不做推荐了。

第三天早上看看日出，顺便到县城后宅镇逛逛街市，吃完早餐之后离岛，回家。

C：小城休闲游

第一天到达汕头，建议直接到南澳岛享受一下海风的洗礼，入住南澳的民宿。晚上到达江大排档吃个海胆炒饭，来几盘小海鲜。

第二天一早出岛到汕头市区，可以到澄海陈慈簧故居逛一逛。然后打卡日日香鹅肉店。记得哦，来潮汕游玩拿着这本书，还可以免费吃鹅肉饭。吃完日日香也可以到我的工作室找我喝茶，喝完可以先入住酒店。酒店可以选择在长平路上的快捷酒店，然后开启在汕头疯狂吃吃吃的模式。下午四点开始可以先从长平路自东往西走走看看，各种美食皆有，但注意控制每次吃的量。到晚上七点钟可以转战珠江路美食街。那里的美食品类更是琳琅满目，只要说得出来的，那里都有。只要你不累，可以一直吃到凌晨。

第三天早上你可以在住处附近吃吃田记猪血汤或老姿娘粿汁，这里还有许多包点小吃。中午可以在阿坤的潮乡手槌牛肉丸来一顿美妙的牛肉火锅，下午悠闲离汕。

　　当然以上三种攻略只是一个大概的行程方案，关于提到的商家或店铺，纯属建议，各位可自行选择参考。

　　这三种攻略都是针对三天两夜行程的，若时间允许也可三种串起来，那就更美妙了。

　　最后祝您旅途愉快！

香蕉龙珠球

八宝素菜

红焖猪手

朴子粿

鱼露焗大虾

原只焗大网鲍

花开富贵

秘制沙茶酱

香柠黄花胶

海胆紫菜炒饭

香蕉龙珠球

八宝素菜

红焖猪手

朴子粿

鱼露焗大虾

原只焗大网鲍

花开富贵

秘制沙茶酱

香柠黄花胶

海胆紫菜炒饭

附录

汕头美食魔鬼词典

粤菜的提香圣物——朥

我谈过潮菜之清淡，并非古今传授。时至今日，儿时那一点味蕾上最浓烈的记忆莫过于家中偶有祭祀，将祭神后的白猪肉煎出油来，然后淋一匙于祭神用的白米饭上，再加点酱油，那便是回味三天的至物了，这也不算清淡吧。所以我认为，潮菜至今谈得上保留传统的非朥（动物脂肪）莫属了。其实不只潮菜，整个粤菜系统与猪油都脱离不了关系，不过是在汕头地区更甚了。

现今，香气突出的粤菜，多由动物脂肪提香。从炒青蔬至包点、海鲜，不论高端私房菜馆还是路边小摊档皆是也。最具代表性者，像近年来，汕头的高端食肆林自然大师的大林苑的螺片也非鸡油不可，其蒸鱼也非脂肪不可。

另一高端食肆，东海酒家的成名菜也是鸡油螺片。乃至街边档的师傅也懂得潮菜谚语："厚朥热火香鱼露。"包括卤鹅中的卤水也要下猪朥或五花肉同卤，以取其甘香鲜滑。潮州的炒甜面，也非猪朥不可，如此炒出的面，脂肪香与糖的巧妙结合竟也上升到男女情动的高度，对于两情相悦时那一点蠢蠢欲动的荷尔蒙，潮语俗称"瘾过食炒面"（比吃炒面还过瘾）。这可能也是膀的功劳了。

膀对于潮菜如此重要，潮人自然物尽其用。要不您看膀粕（猪油渣）粥便应运而生了。有商家把煎过油的猪油渣配生蚝等放入粥中同煮，即成一碗别具风味的膀粕粥了。既然膀为香之灵魂，故事便生出很多，例如另一潮汕名产——膀饼，此就是后话了。

葱花之殇

　　一把生葱花撒播了天下多少美味，一把生葱花也毁了多少厨工。

　　菜味之重者，葱蒜韭也。特别是生葱，其臭能秽人齿颊乃至肠胃，今食次日还闻其臭，然常人多喜刺激之物，愈重之味愈易让人上瘾。所以，在当今浮躁的厨艺心态下，多用简单重味之物以省求真味之繁文缛节，又生葱花味重刺激，能掩食物之缺或盖其不鲜，更取其绿以扮美色矣！

　　殊不知，一餐之饭如唉得几粒生葱花入口，你已半日有葱花味，其他菜品已无须谈味。所以，现今很多食肆饭馆，每日食宴即为葱花大宴也。流行至此，实为厨之殇也，葱花之殇也。我采访过许多从厨者，问其菜为何一定要撒葱花一把于上，厨者也哑然。

　　然葱花无罪，其实葱生时辣臭无比，葱过熟时带腐臭之味，用油炸过火时更是焦苦无香。葱花最佳的熟化点是热锅放油，稍起烟时关火，把葱花放进锅翻炒几下即可。此时的葱花香气四溢，此为火候也。或是生葱花一把放碗底，滚烫热汤冲下也可。最忌一把生葱撒在菜上面。

风物决定了菜系的味型

很多人经常问我："标哥，什么才是粤菜正宗的做法？潮菜的秘诀是什么？"

其实，人类的吃喝本来就没有什么秘诀，都是劳动人民不断地总结经验累积而成的，没有说一定要哪种做法才正宗。

人的吃喝住行都是由某一个特殊的时期，特殊的物质条件所决定的。传统是从爷爷开始，还是从爷爷的爷爷开始算的。所以要做一个好的厨师必须把这些基础理念搞清楚。其实我们要做的是把各个地方的食材、特产以及其特有的饮食习惯搞清楚，因此也就明白了菜系并不是由做法和秘方决定的。最重要的是味道的记忆，比如粤菜，粤菜就很难用特定的标准去界定。因为广东省南北差异很大，从最前沿的现代化滨海城市到山区、江河海、平原，一样不少。所以其食材的丰富性，也是许多地方所无法相提并论的。

有"食在广州"之说，其实并不是说广州人的厨艺，而是在说广州食材的丰富程度，造就了粤菜众多的分支菜系。从以江太史为风向标的广府菜、顺德菜到雷州一带的菜都有其特点，沿海而下的汕尾、汕头也有各自的习惯和味道。比较典型的像汕尾海陆丰一带，既有山又有海，有很原生态的海鲜烹饪习惯。

在这里我要重点说的是潮汕的味道，豆酱、芹菜段、辣椒丝这三样东西，你拿到日本煎条金枪鱼，它也是潮菜，这就是味型决定菜系的特征。潮汕的味型像咸菜、萝卜干、沙茶酱这几样东西，煮什么它都是潮菜。像川菜的辣椒油、花椒、麻油放得够多，不管煮什么它都是川菜。

所以前面啰啰嗦嗦地说了那么多，目的是要仔细介绍一下决定潮汕菜味型的几种风物：

（1）豆酱。豆酱原产地为普宁，但是应该说用得最广的是在汕头。最常见的是用作蘸料，鱼饭必备。豆酱水煮鱼、豆酱焗蟹、豆酱炒空心菜、豆酱焗鸡，怎么写都写不完，还有很多很多。总之，豆酱一出无菜不潮汕。

（2）鱼露。鱼露也是汕头人特有的做菜味型，从腌制小菜到炒菜、煮肉、做汤，放几滴鱼露，便鲜美无比。但鱼露有些外地人吃不习惯，觉得腥。这是对的，鱼露，我们当地话叫"腥汤"。但如果入菜得法，那便是画龙点睛，特别煮猪肉或猪蹄时，放几滴，那是又鲜又甜，要不怎么叫"鱼羊鲜"呢？

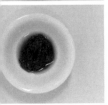

（3）沙茶酱。在汕头，最具代表性的是沙茶芥蓝炒牛肉。把沙茶酱拿到日本炒个和牛芥蓝，它也有潮味。

所以菜系之分，味型也，即地方特有的物产记忆。

承诺书
Letter of Commitment

商家：田迳鹅肉汤店

朋友：

　　美食美味是我们的共同的爱好与追求，《好食汕头》为我们搭建工品味汕头美食的平台，欢迎带着《好食汕头》的您光临本店，我们将为您免费奉上

鹅血汤一份！

您的满意是我们的心愿！

日期、店章

店主签名

承诺书

Letter of Commitment

商家　日日香鹅肉饭店

朋友：

　　美食美味是我们的共同的爱好与追求，《好食汕头》为我们搭建了品味汕头美食的平台，欢迎带着《好食汕头》的您光临本店，我们将为您免费奉上

　　<u>鹅肉饭一份</u>

　　您的满意是我们的心愿！

店主签名

日期·店章

承诺书
Letter of Commitment

商家　　阿坤牛肉店

朋友：

美食美味是我们的共同的爱好与追求，《好食汕头》为我们搭建了品味汕头美食的平台，欢迎带着《好食汕头》的您光临本店，我们将为您免费奉上

牛肉粿条 一份

您的满意是我们的心愿！

日期，盖章

店主签名

承诺书

Letter of Commitment

商家　　**蔡锹光正品白色粥**

朋友：

　　美食美味是我们的共同的爱好与追求。

　　《好食汕头》为我们搭建了品味汕头美食的平台，

欢迎带着《好食汕头》的您光临本店，我们将为您免费奉上

海鲜粥一份

您的满意是我们的心愿！

日期、店章

蔡喜锹光

店主签名